河南

地域文化特色的

历史古镇保护与转型研究

吴怀静 著

中国水利水电出版社
www.waterpub.com.cn

内 容 提 要

　　本书主要围绕河南历史古镇的保护与转型方法进行了研究。全书内容采用"总—分—总"结构，首先在总体上对历史古镇进行综合、总括的研究和论述，交代了古镇研究的背景、意义、概念、国内外保护文献资料及现实状况，然后分别在第三至六章研究了河南朱仙镇、神垕镇、石板岩乡的保护与转型以及其他古镇保护转型可资借鉴的案例和成果。第七章则总结了我国传统村落的发展现状及发展方向。总之，本书对河南历史古镇的研究做到了论述全面、客观，语言使用精准、平实，是一本可以具体落实到河南历史古镇可持续发展具体实践中去的理论指导书籍。

图书在版编目 (CIP) 数据

　　河南地域文化特色的历史古镇保护与转型研究 / 吴
怀静著 . -- 北京 : 中国水利水电出版社 , 2015.7（2022.9重印）
　　ISBN 978-7-5170-3457-5

　　Ⅰ . ①河… Ⅱ . ①吴… Ⅲ . ①乡镇 – 古建筑 – 保护 –
研究 – 河南省 Ⅳ . ① TU-87

　　中国版本图书馆 CIP 数据核字（2015）第 174713 号

策划编辑：杨庆川　责任编辑：陈　洁　封面设计：马静静

书　　名	河南地域文化特色的历史古镇保护与转型研究
作　　者	吴怀静　著
出版发行	中国水利水电出版社
	（北京市海淀区玉渊潭南路 1 号 D 座 100038）
	网址：www.waterpub.com.cn
	E-mail：mchannel@263.net（万水）
	sales@mwr.gov.cn
	电话：（010）68545888（营销中心）、82562819（万水）
经　　售	北京科水图书销售有限公司
	电话：(010)63202643、68545874
	全国各地新华书店和相关出版物销售网点
排　　版	北京鑫海胜蓝数码科技有限公司
印　　刷	天津光之彩印刷有限公司
规　　格	170mm×240mm　16 开本　16.5 印张　214 千字
版　　次	2015年11月第1版　2022年9月第2次印刷
印　　数	2001-3001册
定　　价	49.50 元

前　言

古镇在人类历史发展过程中闪耀着璀璨的光芒，它不仅具有深厚的历史文化内涵，也承载着一个地域的独特记忆，在历史、艺术、科学、审美等领域都有很高的价值。古镇中的"古"是时间概念，包含了文化与灵魂；"镇"则是空间概念，是古镇这一物质实体的客观存在。千百年来，古镇一直保持着它美丽、宁静的风貌，令无数人为之心驰神往。

在众多文人墨客笔下，古镇永远是那样恬静、美好。唐代诗人杜荀鹤曾写诗道："君到姑苏见，人家尽枕河。古宫闲地少，水港小桥多。夜市卖菱藕，春船载绮罗。遥知未眠月，乡思在渔歌。"诗中充分描绘了江南古镇的人文风貌。著名散文家沈从文在他的《湘行散记》和小说《边城》中，向人们揭开了凤凰古镇的美丽面纱，读者不仅沉醉于书中动人的故事，也向往那迷人的风景和淳朴的生活状态。

然而，随着人类社会全球化、工业化、城市化、现代化进程的加速，古镇的"古"面临"现代化"诉求的纠结，"镇"则遭遇"城市化"扩张的压力，古镇面对来自"现代化、城市化"的双重紧逼，科学保护、合理利用，成为古镇可持续发展面临的亟待解决的现实问题。保护历史文化古镇，是传承古镇文化、保留地方记忆、抵御全球化背景下地方性消失的必然要求，与此同时还要将古镇进行合理利用，这是古镇文化复兴的根本目的所在。基于这种现实状况，本人根据多年来实地考察和研究的学术资料，撰写了《河南地域文化特色的历史古镇保护与转型研究》一书，希望通过本书的论述，引起更多的人对古镇文化的关注，并为历史文化古镇的保护起到一定的作用。

本书共有六章内容，全书按照"总—分—总"的结构加以展开。第一章为历史古镇研究的总体概述，包含了古镇研究的背景、意义、相关概念等内容。第二章为历史古镇研究综述，分别从国外和国内论述了古镇保护的文献资料和现实状况，同时也分析了河南省古镇保护存在的相关问题。第三章至第五章分别论述了河南朱仙镇、神垕镇、石板岩乡的保护与转型，为古镇保护与转型提供了极具价值的参考。第六章论述了我国其他省份一些古镇的保护转型案例，能够成为古镇保护转型可供借鉴的案例。第七章则总结了我国传统村落的发展现状及发展方向，希望能够为具有地域文化特色的古镇保护和未来持续发展提供有益的借鉴。

　　本书在撰写的过程中得到了许多专家、学者的帮助和支持，在此对他们表示深深的感谢。由于本人理论水平的局限，书中出现不足之处在所难免，恳请各位同行专家积极批评指正，多提宝贵意见，以便本人在日后修改完善，以飨读者。

作者
2015 年 5 月

目　录

第一章 历史古镇研究概述

第一节 历史古镇研究的现实背景

一、现实背景

1982 年我国颁布了《中华人民共和国文物保护法》，并于当年公布了第一批历史文化名城，随后在 1986 年、1994 年又先后公布了第二批、第三批历史文化名城，并于 21 世纪后增补 11 个。2002 年修订的《中华人民共和国文物保护法》提出对于"保护文物且具有重大历史价值或革命纪念意义的城镇、街道、村庄，由省、自治区、直辖市人民政府核定公布为历史街区、村镇，并报国务院备案"。古村镇、古民居的保护是当前我国城镇发展中的一项重要任务，我国是一个历史悠久、文化资源丰富的多民族国家，加上地理辽阔、气候悬殊，各地古村镇、古民居的布局、风貌都带有极强的历史文脉、民族文化和地域特征。中原腹地河南历史文化遗产异常丰厚，文物古迹遍布，拥有一大批具有重大历史价值或革命意义的古镇。在现代经济快速发展的浪潮中，人民的生活水平在逐渐的提高，原有古村镇和民居已经不能适应现在人民的生活水平和需求。保护与更新，两者对古民居和传统历史古镇来说具有特殊的意义。

二、理论背景

河南古镇在历史的沉淀中形成了自己独特的风格，在古村镇、古民居的改造中，排除历史因素一味的改造，一味的将旧建筑摧毁，以现代的建筑代替；或是一味的保护历史建筑，而没有进行有效的更新，不管是前者还是后者都是不可取的。因此，古村镇、古民居的持续发展成为我们必须关注的话题。历史古镇保护与更新，其重点在于选择合适的要素进行更新，使古镇在昨天、今天、明天的时间浪潮中可持续发展。为了深入了解像河南省朱仙镇、神垕镇等地方人居环境的保护与更新的具体情况，特此展开调查、保护和转型研究。

我国历史文化名镇保护研究起步较晚，发展历程与西方欧洲国家也不同。我国历史文化名镇保护初始于对单个文物建筑的保护，然后逐渐发展成为对历史文化名镇的保护，最后在此基础上增加了历史文化保护区和历史街区保护的内容，重心转向了历史保护区的多层次的历史文化遗产保护体系。

历史文化村镇保护工作在地方政府率先展开，周庄、同里、乌镇等一批古镇被列为省级历史文化名镇。这一时期，不少学者开展了对历史文化街区概念方法、保护规划、建筑保护更新以及历史文化名城类型特点和保护实践的研究，有关历史文化村镇保护的研究则集中在聚落景观、价值特色以及保护规划等方面。随后，在 2005—2010 年又连续公布了 4 批中国历史文化名镇名村。截至目前，已公布 118 座国家历史文化名城、350 个中国历史文化名镇名村、700 多个省级历史文化名镇名村和数百个历史文化街区、2357 处全国重点文物保护单位，已覆盖 3 个省、直辖市、自治区，基本反映了我国不同地域城镇和乡村文化遗产的传统风貌，形成了我国历史文化名城名镇名村的保护体系。与此同时，保护法规工作得到建立健全。2005 年的国务院《关于加强文化遗产保护意见》和 2007 年颁布的《城乡规划法》和修订的《文物保护法》，进一步明确了要加强历史文化名城名镇名村保护；2008 年国务院颁布《历史文化名城名镇名村保护条例》，标志着历史文化名城名镇名村保护已经全面进入法制化轨道。

纵观世界范围的历史文化名镇保护概念的提出，它经历了一个由单体文物保护到单体周围环境再到历史地段历史文化名镇保护的过程。在保护形式上由单纯地保护到保护与更新相结合的过程。

第二节　历史古镇研究的选题意义与研究内容

一、选题意义

我国总体上已经进入城镇化和工业化加速发展的阶段，为加快推进中部崛起和区域协调发展总战略，新型城镇化是经济社会发展的必然趋势和现代化的必由之路。在当今快速城镇化的宏观社会经济发展背景下，历史文化名镇保护与转型面临挑战。

历史文化古镇作为传承地方文化与特色的重要基地，在人类历史发展进程中发挥了重要的作用。由于建设历史悠久，其保存了大量城市发展的历史文化积淀，但是这些优秀的文化在与现代文明融合时，却总是处于不利地位。年轻一代原住民喜欢居住在具有现代化设施的环境中，抛弃了陈旧、设施落后的老旧建筑，造成古镇传承多年的原真性特色面临消亡的境地。为保护历史古镇风貌的延续、传承历史文化、保留文化的原真性，有必要认真探讨历史古镇的保护与可持续更新的策略。

本书结合实际调查和理论分析，对今后河南省地区历史古镇建设和经济发展具有很大的理论意义和现实意义。

（一）理论意义

历史古镇保护与转型一直是城乡规划学、文化学、经济地理学、旅游管理学等相关学科关注的热点。本书研究可以丰富完善不同学科的内容，推动多学科理论交叉的建设和发展。

基于地域文化视角，从社会、地理特征和文化渊源和经济因素出发，考查诸多因素共同作用下形成的历史古镇的现状，对传统历史古镇的保护与转型设计进行研究，处理好保护与更新的关系，找出多学科更合理有效的发展切入点，综合各学科的优势，提升研究的理论高度，促成新的古镇保护研究生长点。

（二）现实意义

中国传统古镇以其特有的自然环境和人文景观、丰富的历史文化遗迹、深厚的人文内涵、独特的建筑风貌，真实地记录了不同地域和民族的聚落的形成和演变的历史过程，其传统建筑风貌、优秀建筑艺术、传统民俗民风和原始空间形态具有很高的研究和利用价值，是我国历史文化遗产的重要组成部分。

本书结合河南省部分历史古镇的更新改造设计，探讨更新设计工程中如何结合当地的地域文化，提升城镇生活品质，树立保护性开发和设计的理念，处理保护与更新的关系，激发古镇活力，推动历史古镇的复兴。

我国目前就历史文化名镇的保护才刚刚起步，作为历史文化遗产保护的一部分，对历史名镇保护与更新研究已经是迫在眉睫。2012年2月15日，中共中央发布了"十二五"文化改革发展规划纲要，明确文化价值与经济价值同等重要，并将其定为基础的地位。同时，《国务院关于支持河南省加快建设中原经济区的指导意见》中提出加强资源节约和环境保护，大力推进生态文明建设。对于河南省来说，如何处理好历史古镇保护与转型发展，对于新型城镇化和生态文明建设具有极为重要的现实意义。

二、研究内容

研究内容主要分为以下三点。

第一，针对河南省典型历史古镇的现状及存在问题，从地域文化特色的价值入手，结合历史文化价值及保护，主要从地理位置、传统特色、历史文化遗产、历史建筑、街巷肌理、景观特征等方面分析了历史现状以及保护工作，回顾和现状及存在的问题。

第二，结合河南省地域文化特色，尤其是经济欠发达地区的古镇保护与更新的难点更为突出，选择朱仙镇、神垕镇等具有典型代表性的历史古镇实际状况，从传统规划思想的转型出发，从文化、生态、经济等方面研究历史古镇的保护与更新，同时给其他省的历史古镇保护与更新以启迪和借鉴。

第三，规划政策策略。主要从实施依法监管，理顺管理机制；多方筹措资金，落实文物保护政策；加强宣传教育力度，提升历史文化名镇保护的意识和水平；健全古镇保护管理机构，加强基层队伍建设；加强传统地域文化研究。

第三节　历史古镇研究的相关基本概念

一、新型城镇化

城镇化是指人口向城镇集中的过程。这个过程表现为两种形式，一是各城市内人口规模不断扩大，二是城镇数目的增多。中国在改革开放 30 多年的时间当中，城市空间扩大了两三倍，城镇化率也达到了 52.6%。但是，空间城市化并没有相应产生人口城市化。中国有 2.6 亿农民工，户籍问题把他们挡在了享受城市化成果之外，他们是被城镇化、伪城镇化的。如果挤掉水分的话，我国只有 36% 的城镇化率。

所谓新型城镇化，是指坚持以人为本，以新型工业化为动力，以统筹兼顾为原则，推动城市现代化、城市集群化、城市生态化、农村城镇化，全面提升城镇化质量和水平，走科学发展、集约高效、功能完善、环境友好、社会和谐、城乡一体、大中小城市和小城镇协调发展的城镇化建设路子。新型城镇化的"新"就是要由过去片面注重追求城市规模扩大、空间扩张，改变为以提升城市的文化、公共服务等内涵为中心，真正使我们的城镇成为具有较高品质的适宜人居之所。城镇化的核心是农村人口转移到城镇，完成农民到市民的转变，而不是建设高楼和广场。农村人口转移不出来，不仅农业的规模效益出不来，扩大内需也无法实现。城镇化在人类社会发展中发挥着积极的作用，但城镇化作为一种新的发展模式对城镇同样具有巨大的冲击和消极影响，尤其是对那些具有深厚历史文化积淀的名镇来说，寻找城镇化道路与历史文化名镇保护、开发与利用的最佳结合点就显得更为重要。

二、古镇保护与转型

中国的城镇要有自己的个性，每个地方的城镇，每一个城镇都应该有自己的个性，要突出多样性。古镇都是有生命的，都有自己不同的基础、背景、环境和发展条件，由此孕育出来的历史城镇也应显示出自己与众不同的特点。关于保护与转型，有的试图保护一切现状以使古镇特色得以原汁原味地保留；而有的力求适应城镇发展变化的要求，甚至不惜大刀阔斧地改变现状。有的重保护，有的重开发，而开发有可能对历史遗产产生破坏。似乎两者的矛盾难以调和，其实两者目标基本一致，都是为了促进古镇的可持续发展。开发转型是为了复兴古镇经济，改变古镇颓败的发展现状，为其注入新的活力，从而真正地保护好古镇历史遗产。

三、地域文化

在我国，地域文化一般指的是特定区域源远流长、独具特色，传承至今仍发挥作用的文化传统，是特定区域的生态、民俗、传统、习惯等文明表现。它在一定的地域范围内与环境相融合，因而打上了地域的烙印，具有独特性。

地域文化中的"地域"，是文化形成的地理背景，范围可大可小。地域文化中的"文化"，可是单要素或多要素的。地域文化是指文化在一定的地域环境中与环境相融合打上了地域的烙印的一种独特的文化，具有独特性。

一方水土孕育一方文化，一方文化影响一方经济、造就一方社会。在中华大地上，不同社会结构和发展水平的地域自然、地理环境、资源风水、民俗风情习惯、政治经济情况，孕育了不同特质、各具特色的地域文化，诸如中原文化、燕赵文化、三秦文化、中州文化、齐鲁文化、三晋文化、湖湘文化等。

四、有机更新

目前，由于新型城镇化和生态文明时期的到来，我国城镇结构和职能处于转型的阶段。在现代化城镇的开发和更新中，人们往往会忽视对自然环境的保护。正是在这种背景下，"有机更新"理论是吴良镛先生对北京旧城规划建设进行长期研究，在对中西方城市发展历史和理论的认识基础上，结合北京实际情况提出的，主张"按照城市内在的发展规律，顺应城市肌理，在可持续发展的基础上，探求城市的更新与发展"。"有机更新"的概念主要包含三个含义：即"城市整体的有机性"、"城市细胞（居住院落）和城市组织（街区）更新的有机性"、"更新过程的有机性"。在对旧城和古镇的更新改造过程中，遵循循序渐进、小规模改造的方法。

五、生态文明与古镇保护

（一）生态文明的内涵

经济全球化和快速城镇化的发展，带来了生态环境的破坏和地域文化的冲击。工业文明的社会发展模式的先污染后治理已经不再适宜发展，主张人与自然和谐发展的生态文明理念已成为当今社会发展的时代主题。生态文明是一种新的社会结构模式。十七大报告指出："建设生态文明，基本形成节约能源资源和保护生态环境的产业结构、增长方式、消费模式。生态文明观念在全社会牢固树立。"其基本内涵是：生态文明是人们在改造客观世界的同时改善和优化人与自然的关系，建设有序的生态运行机制和良好的生态环境所取得的物质、精神、制度成果的总和，即以人为核心，形成人与人、人与自然、人与社会共生，以和谐发展为根本宗旨的文化形态。

（二）生态文明与古镇保护的关系

基于生态文明的古镇保护与发展是将居住、古建筑、休憩、交通、社区生活、公共服务、文化等各个复杂要素在时间和空间中有机结合起来，使所有古镇社会功能在满足目前的发展和将来的发展之间取得平衡，最终达到"人—镇—自然"的和谐共生。生态文明理念下的历史文化名镇规划前提是保护和弘扬名镇的发展历史和特色。即实现当地居民生活、自然空间环境、城镇特色要素、人文历史积淀、产业发展基础等和谐统一和可持续发展。

历史古镇保护从前单纯的认为是一项专业技术，一种物质手段，在快速城镇化和生态文明时期认为是一项复杂的、长期的、多方利益主体博弈的社会经济活动过程。保护的内容也从物质文化遗产扩展到非物质文化遗产，从建筑单体保护走向历史环境、整体环境保护阶段，并越来越体现为民族和地方文化复兴的发展观。

第二章 历史古镇研究综述

第一节 国外历史文化名镇文献回顾

国外历史文化名镇保护的基本概念、理论和原则的形成是从 19 世纪中叶开始，经历了一百多年的发展演变。主要文献见表 2-1。

表 2-1 国外历史文化名镇重要文献回顾总结

文献名称	保护原则	保护对象与范围	保护办法（措施）	保护意义
《马尔罗法》1962 年	保护与利用历史遗产，文物建筑与其周围环境预期保护，对历史保护区的保护与利用应该为保护区提供多种发展途径	历史街区	完全保护，合理修缮	确定历史名镇保护的目标和保护历史街区的新概念
《国际古迹保护与修复宪章》	必须利用一切科学技术保护与修复文物建筑，强调修复技术，完全保护和再现历史文物建筑的审美和价值，强调对历史建筑的修复、插图和照片	文物建筑	高度专门化的修复技术，做好科学挖掘，写记录和报告	肯定历史文物建筑的重要价值和作用，是国际历史文物遗产保护发展中的一个重要里程碑

续表

文献名称	保护原则	保护对象与范围	保护办法（措施）	保护意义
《马丘比丘宪章》	保存和维护好城市的历史遗址和古迹，继承一般的文化传统，当代建筑优秀设计包括在内	历史遗址和古迹及文化传统	采取保护、恢复和重新使用现有历史遗址和古建筑同城市建设过程相结合的措施	城市规划的纲领性文件，对历史文化名镇保护具有很强的指导意义
《保护世界文化和自然遗产公约1972》	本国领土内的文化和自然遗产确定、保护、保存的、遗传后代，主要是国家责任，应最大限度利用所能获得的国际援助和合作	具有突出的普遍价值的文化和自然遗产	缔约国可自行确定本国领土内的文化和自然遗产，并向世界遗产委员会递交遗产清单，由世界遗产大会审核和批准	国际公认的历史文化名镇保护公约
《内罗毕建议1976》	历史地区及其周围环境	历史地区	采取全面而有力的政策，把保护和复原历史地区及其周围环境作为国家、地区规划的组成部分，并制定一套有关的遗产及城市规划有效灵活的法律	明确阐明历史在社会方面和实用方面的普遍价值，制定保护历史城镇规划的必要性以及怎样维护、保存、修复和发展这些城镇，适应现代需求
《佛罗伦萨宪章1981》	在对历史园林或其中任何一部分的维护、修复和重建工作，必须同时处理所有的构成特征	历史园林	保护、修复、重建	是《威尼斯宪章》的附件，对历史文化古镇的保护具有很现实的意义

续表

文献名称	保护原则	保护对象与范围	保护办法（措施）	保护意义
《华盛顿宪章》	将对历史城镇和其他历史城区的保护列入各级城市和地区规划；历史城镇和城区的保护需要认真、系统的方法和学科，避免僵化	地段和街道的格局和空间形式、建筑物和绿化、旷地的空间关系、历史建筑的内外面貌、地段与周边环境的关系	通过考古调查，适当展出考古发掘物，使历史城镇和城区的历史知识得到拓展；对历史城镇和城区的交通必须加以控制；针对有关财产的具体特性采取预防和维修措施，避免历史城镇受到自然灾害、污染和噪音的危害	总结自1964年以来的各国的历史保护理论与实践，为指导各个国家历史文化名镇保护规划建立了一个科学理论基础

《关于历史性小城镇保护的国际研讨会的布鲁日决议》（1975年）对历史性小城镇提出了比较详细的保护策略：首先，区域性保护政策必须通过确定历史性小城镇与特殊结构相应的地位来确保它们得到保护；对当地地区而言，规划应遵守城镇在所有新发展中的现有范围，注重其特点、主体建筑和景观联系，避免破坏历史元素，为空闲建筑寻找合适的新利用形式。《决议》还认为，调查、评估和保护历史性小城镇特性的方法，应充分考虑技术、法律和财政问题。综合上述表格，我们不难看出，世界范围内的历史文化名镇保护实践经历了一个由单体文物保护到单体周围环境再到历史地段历史文化名镇保护的过程，大概经历了三个阶段。

单体历史建筑的保护阶段。主要以单体文物保护为主，重点是古建筑古遗迹。例如建筑艺术的珍品，宫殿、教堂也有一些反映普通人生活的一般历史建筑。这个时期保护主要以"静态"为主，建筑物一般都冻结封存，保护对象都是单体建筑物，所以也比较容易做到。在当时的社会发展的大背景下，采用这种方式保护历史建筑在一定的程度上起到了保护的作用。历史建筑周边环境的保护阶段，开始由保护单体建筑物向历史街区、历史地段扩展。保护范围扩大到单体建筑的周围环境、环境中的建筑群、风景区及成片的历史街区、历史保护区。《威尼斯宪章》指出"历史古迹的概念不仅保护单个建筑物，而且包括从中可以看出一种独特的文明、一种有意义的发展或一个历史事件见证的城市或乡村环境，历史古迹包括对一定规模环境的保护，凡传统环境存在的地方必须予以保存"。《威尼斯宪章》是第一个保护与修复古迹的宪章，在历史环境保护上具有里程碑的意义。

　　历史地段和历史城市保护阶段。保护范围进一步扩大，历史地段及更大范围的历史城镇、历史城区作为保护对象纳入保护体系。不少国家还提出了保护历史性城市,国外对历史性城市保护分为两种情况:一是对一些小的古城镇，地域规模不太大的采取整体保护；对一些大的城市，主要保护历史上的古城或者是划定的一部分，而不是整个城市。1967 年通过的《马丘比丘宪章》认为："保护、恢复和重新使用现有历史遗址和古建筑必须同城市建设过程结合起来，以保证这些文物具有经济意义并继续具有生命力。"在考虑再生和更新历史地区的过程中，应把优秀设计质量的当代建筑物包括在内。1976 年联合国教科文组织第 17 次全体大会上通过的《关于保护历史的或传统的建筑群及它们在现实生活中的地位的建议》（简称《内罗毕建议》）中指出："大多数的历史或传统的建筑群里，都发生了汽车交通与城市结构和建筑艺术质量之间的矛盾。会员国应鼓励和帮助地方政府探讨解决这一矛盾的方法。"在保护和修缮的同时，要采取恢复生命力的行动。因此，要保持已有的合适的功能，尤其是商业和手工业，并建立新的。为了使它们能长期存在下去，必须使它们与原有的经济的、社会的、城市的、区域的、国家的物质和文化环境相适应。

第二节　我国历史文化名镇保护的现状

一、2002 年前历史文化村镇保护状况

1982 年经国务院批准，公布了首批历史文化名城，这对历史城市、镇村的保护是重大转折。从历史文化名城的保护开始，历史文化村镇也逐渐受到关注。20 世纪 80 代初，规划领域的学者率先倡导和发起了对历史文化村镇的保护。阮仪三主持开展了江南水乡古镇的调查研究及保护规划的编制，开创了我国历史文化村镇保护研究村镇布局，街巷空间、建筑特色、价值特色、形成演变、旅游开发等研究的视角不断扩大，内容不断深入。截至 2008 年底，我国已公布历史文化名镇（村）251 个（表 2-2），对其保护的研究得到了前所未有的加强，各地区历史文化村镇的保护实践也卓有成效。

表 2-2　中国历史文化名镇（村）地理分布表

省自治区直辖市	第一批 2003年公布	第二批 2005年公布	第二批 2007年公布	第一批 2008年公布	小计
北京	门头沟区斋堂镇爨底下村	门头沟区斋堂镇灵水村	门头沟区龙泉镇琉璃渠村	密云县古北口镇	4
天津				西青区杨柳青镇	1
河北		蔚县暖泉镇 怀来县鸡鸣驿乡	永年县广府镇 井陉县于家乡于家村 清苑县冉庄镇冉庄村 邢台县路罗镇英谈村	邯郸市峰矿区大社镇 井陉县天长镇 涉县偏城镇偏城村 蔚县涌泉庄乡北方城村	10
山西	山西省灵石县静升镇 山西省临县碛口镇西湾村	临县碛口镇 阳城县北留镇皇城村 介休市龙凤镇张壁村 沁水县土沃乡西文兴村	襄汾县汾城镇 平定县娘子关镇 平遥县岳壁乡梁村 高平市原村乡良户村 阳城县北留镇郭峪村 阳泉市郊区义井镇小河村	泽州县大阳镇 山西省汾西县僧念镇师家沟村 临县碛口镇李家山村 灵石县夏门镇夏门村 沁水县嘉峰镇窦庄村 阳城县润城镇上庄村	18
内蒙古		内蒙古土默特右旗美岱召镇美岱召村	内蒙古自治区包头市石拐区五当召镇五当召村	内蒙古自治区喀喇沁旗王爷府镇 内蒙古自治区多伦县多伦淖尔镇	4
辽宁		辽宁省新宾满族自治县永陵镇		辽宁省海城市牛庄镇	2

续表

省自治区直辖市	第一批 2003年公布	第一批 2005年公布	第一批 2007年公布	第一批 2008年公布	小计
吉林				吉林省四平市铁东区叶赫镇 吉林省吉林市龙潭区乌拉街镇	2
黑龙江			黑龙江省海林市横道河子镇	黑龙江省黑河市爱辉镇	2
上海		上海市金山区枫泾镇	上海市青浦区朱家角镇	上海市南汇区新场镇 上海市嘉定区嘉定镇	4
山东		山东省章丘市官庄乡朱家峪村	山东省荣成市宁津街道办事处东楮岛村	山东省桓台县新城镇 山东省即墨市丰城镇雄崖所村	4
江苏	江苏省昆山市周庄镇 江苏省吴江市同里镇 江苏省苏州市甪直镇	江苏省苏州市吴中区木渎镇 江苏省太仓市沙溪镇 江苏省姜堰市溱潼镇 江苏省泰兴市黄桥镇	江苏省高淳县淳溪镇 江苏省昆山市千灯镇 江苏省东台市安丰镇 东山市吴中区陆巷村 江苏省苏州市吴中区西山镇明月湾村	江苏省昆山市锦溪镇 江苏省江都市邵伯镇 江苏省海门市余东镇 江苏省常熟市沙家浜镇	16

续表

省自治区直辖市	第一批 2003 年公布	第一批 2005 年公布	第一批 2007 年公布	第一批 2008 年公布	小计
浙江	浙江省嘉善县西塘镇 浙江省桐乡市乌镇 浙江省绍兴县安昌镇 浙江省武义县俞源村 浙江省武义县郭洞村	浙江省湖州市南浔区南浔镇 浙江省绍兴县安昌镇 浙江省宁波市江北区慈城镇 浙江省象山县石浦镇	浙江省绍兴市越城区东浦镇 浙江省宁海县前童镇 浙江省义乌市佛堂镇 浙江省江山市廿八都镇 浙江省桐庐县江南镇深澳村 浙江省永康市前仓镇厚吴村	浙江省仙居县皤滩镇 浙江省永嘉县岩头镇 浙江省富阳市龙门镇 浙江省德清县新市镇 浙江省龙游县石佛乡三门源村	19
安徽	安徽省黟县西递镇 安徽省黟县宏村	安徽省歙县徽城镇渔梁村 安徽省旌德县白地镇江村	安徽省肥西县三河镇 安徽省六安市金安区毛坦厂镇 安徽省黄山市徽州区潜口镇唐模村 安徽省歙县郑村镇棠樾村 安徽省黟县宏村镇屏山村	安徽省歙县许村镇 安徽省休宁县万安镇 安徽省宣城市宣州区水东镇 安徽省黄山市徽州区坑口村 安徽省泾县桃花潭镇查济村 安徽省黟县碧阳镇南屏村	15
江西	江西省乐安县牛田镇流坑村	江西省浮梁县瑶里镇 江西省吉安市青原区文陂乡渼陂村 江西省婺源县沱川乡理坑村	江西省鹰潭市龙虎山风景区上清镇 江西省高安市新街镇贾家村 江西省吉水县金滩镇燕坊村 江西省婺源县江湾镇江口村	江西省横峰县葛源镇 江西省安义县石鼻镇罗田村 江西省浮梁县江村乡严台村 江西省赣县白鹭乡白鹭村 江西省吉安市富田镇陂下村 江西省婺源县思口镇延村 江西省宜丰县天宝乡天宝村	15

续表

省自治区直辖市	第一批 2003年公布	第一批 2005年公布	第一批 2007年公布	第一批 2008年公布	小计
福建	福建省上杭县古田镇 福建省南靖县书洋镇田螺坑村	福建省邵武市和平镇 福建省连城县宣和乡培田村 福建省武夷山市武夷乡下梅村	福建省晋江市金井镇 福建省武夷山市兴田镇城村 福建省尤溪县洋中镇桂峰村	福建省永泰县嵩口镇 福建省福安市溪潭镇廉村 福建省屏南县甘棠乡漈下村 福建省清流县赖坊乡赖坊村	12
河南		河南省禹州市神垕镇 河南省淅川县荆紫关镇 河南省平顶山市郏县堂街镇临沣寨（村）	河南省社旗县赊店镇	河南省开封县朱仙镇 河南省郑州市惠济区古荥镇 河南省确山县竹沟镇 河南省郏县李口乡张店村	8
湖北		湖北省监利县周老嘴镇 湖北省红安县七里坪镇 湖北省武汉市黄陂区木兰乡大余湾村	湖北省洪湖市瞿家湾镇 湖北省监利县程集镇 湖北省郧西县上津镇 湖北省恩施市崔家坝镇滚龙坝村	湖北省咸宁市汀泗桥镇 湖北省阳新县龙港镇 湖北省宜都市枝城镇 湖北省宣恩县沙道沟镇两河口村	11

续表

省自治区直辖市	第一批 2003 年公布	第一批 2005 年公布	第一批 2007 年公布	第一批 2008 年公布	小计
湖南	湖南省岳阳县张谷英镇张谷英村	湖南省龙山县里耶镇	湖南省江永县夏层铺镇上甘棠村 湖南省会同县高椅乡高椅村 湖南省永州市零陵区富家桥镇干岩头村	湖南省望城县靖港镇 湖南省永顺县芙蓉镇	7
广东	广东省佛山市三水区乐平镇大旗头村 广东省深圳市龙岗区大鹏镇鹏城村	广东省广州市番禺区沙湾镇 广东省吴川市吴阳镇 广东省东莞市茶山镇南社村 广东省开平市塘口镇自力村 广东省佛山市顺德区北滘镇碧江村	广东省开平市赤坎镇 广东省珠海市唐家湾镇 广东省陆丰市碣石镇 广东省广州市番禺区石楼镇大岭村 广东省东莞市石排镇塘尾村 广东省中山市南朗镇翠亨村	广东省东莞市石龙镇 广东省惠州市惠阳区秋长镇 广东省普宁市洪阳镇 广东省恩平市圣堂镇歇马村 广东省连南瑶族自治县南岗镇南岗古排村 广东省汕头市澄海区隆都镇前美村	19
广西	广西灵川县大圩镇		广西壮族自治区昭平县黄姚镇 广西壮族自治区阳朔县兴坪镇 广西壮族自治区灵川县大芦村 广西壮族自治区玉林市玉州区城北街道办事处高山村	广西壮族自治区富川瑶族自治县朝东镇秀水村	6

续表

省自治区直辖市	第一批 2003年公布	第一批 2005年公布	第一批 2007年公布	第一批 2008年公布	小计
海南			海南省三亚市崖城镇	海南省儋州市中和镇 海南省文昌市铺前镇 海南省定安县定城镇	4
重庆	重庆市合川区涞滩镇 重庆市石柱县西沱镇 重庆市潼南县双江镇	重庆市渝北区龙兴镇 重庆市江津市中山镇 重庆市酉阳土家族苗族自治县	重庆市北碚区金刀峡镇 重庆市江津市塘河镇 重庆市綦江县东溪镇	重庆市九龙坡区走马镇 重庆市巴南区丰盛镇 重庆市铜梁县安居镇 重庆市永川区松溉镇	13
四川		四川省邛崃市平乐镇 四川省大邑县安仁镇 四川省阆中市老观镇 四川省宜宾市翠屏区李庄镇 四川省丹巴县梭坡乡莫洛村 四川省攀枝花市仁和区平地镇迤沙拉村	四川省双流县黄龙溪镇 四川省自贡市沿滩区仙市镇 四川省合江县尧坝镇 四川省古蔺县太平镇	四川省巴中市巴州区恩阳镇 四川省成都市龙泉驿区洛带镇 四川省大邑县新场镇 四川省广元市元坝区昭化镇 四川省合江县福宝镇 四川省资中县罗泉镇 四川省汉川县雁门乡萝卜寨村	17

续表

省自治区直辖市	第一批 2003年公布	第一批 2005年公布	第一批 2007年公布	第一批 2008年公布	小计
贵州		贵州省贵阳市花溪区青岩镇 贵州省习水县土城镇 贵州省安顺市西秀区七眼桥镇云山屯村	贵州省黄平县旧州镇 贵州省雷山县西江镇 贵州省锦屏县隆里乡隆里村 贵州省黎平县肇兴乡肇兴寨村	贵州省安顺市西秀区旧州镇 贵州省平坝县天龙镇 贵州省赤水市丙安乡丙安村 贵州省从江县往洞乡增冲村 贵州省开阳县禾丰布依族苗族乡马头寨村 贵州省石阡县国荣乡楼上村（楼上古寨）	13
云南		云南省禄丰县黑井镇 云南省会泽县娜姑镇白雾村	云南省剑川县沙溪镇 云南省腾冲县和顺镇 云南省云龙县诺邓镇诺邓村	云南省孟连县娜允镇 云南省石屏县宝秀镇郑营村 云南省魏山县永建镇东莲花村	8
西藏			西藏自治区乃东县昌珠镇	西藏自治区日喀则市萨迦镇	2
陕西	陕西省韩城市西庄镇党家村	陕西省米脂县杨家沟镇杨家沟村		陕西省铜川市印台区陈炉镇	3

续表

省自治区直辖市	第一批 2003年公布	第一批 2005年公布	第一批 2007年公布	第一批 2008年公布	小计
甘肃		甘肃省宕昌县哈达铺镇	甘肃省榆中县青城镇 甘肃省永登县连城镇 甘肃省古浪县大靖镇	甘肃省秦安县陇城镇 甘肃省临潭县新城镇	6
宁夏				宁夏回族自治区中卫市香山乡南长滩村	1
青海			青海省同仁县年都乎乡郭麻日村		1
新疆		新疆鄯善县鲁克沁镇 新疆鄯善县吐峪沟乡麻扎村	新疆维吾尔自治区霍城县惠远镇	新疆维吾尔自治区哈密市回城乡阿勒屯村	4
合计	22	58	77	94	251

此后一直到 2002 年，由于缺乏统一的标准和界定，历史文化村镇多以传统村落、古村落、古镇，或历史文化城镇的身份出现作为被研究的对象，具体的界定显得十分模糊。保护的方法和手段也处于初级阶段，没有形成体系。对历史文化村镇的保护往往局限在村镇的传统建筑和历史民居上，对村镇的物质环境认识不够，对村镇的非物质文化遗产更是涉及较少。1999 年西递、宏村被联合国世界遗产委员会评为世界文化遗产，在一定程度上提高了历史文化村镇的保护意识。但在全国范围的对历史文化村镇的保存状况、数量、分类、特征、自然环境等缺乏系统的研究，以及适合于不同村镇特性的保护措施。研究对象的地域不平衡性明显，针对南中国长江流域的江南地区、西南地区的实地案例较多。北方地区、东北地区，尤其是西北内陆和中华文化发源地的山陕地区较少涉足，不平衡性较为突出。

二、2002 年后历史文化村镇保护状况

2002 年修订的《中华人民共和国文物保护法》对历史文化村镇做出了明确的规定："保存文物特别丰富并且具有重大历史价值或者革命纪念意义的城镇、村庄"。2003 年建设部发布了《关于公布中国历史文化名镇（村）（第一批）的通知》，并与国家文物局联合制订中国历史文化名镇（村）评选办法、评价指标体系、保护规划守则，使历史文化名镇（村）的保护逐渐步入法制化和规范化的轨道。从而正式建立了我国历史文化村镇的保护制度，也标志着我国历史文化村镇的保护与发展进入了一个崭新时期。至今，建设部联合国家文物局先后公布了四批中国历史文化名镇（村），对历史文化村镇的保护形成了多学科共同参与的局面，不断有学者和研究人员加入到历史文化村镇的保护研究中来，壮大了研究队伍。保护的内容也从以往的单体保护，走向对历史文化村镇的整体保护。其中村镇环境、村镇布局、街巷空间、建筑特色、价值特色、形成演变、旅游开发等研究的视角

不断扩大，内容不断深入。截至 2008 年底，我国已公布历史文化名镇（村）251 个（见表 2-2），对其保护的研究得到了前所未有的加强，各地区历史文化村镇的保护实践也卓有成效。

三、我国历史文化村镇保护的主要问题

我国历史悠久，民族众多，各民族共同创造了中华民族的历史，有数千年的人文积淀。广袤的地域上地形地貌类型多样，地理环境复杂。在这个基础上，广泛分布在我国各地的历史文化村镇各有其形成、发展、演变的不同历史过程、地理环境、民族特色、物质条件。它们共同的价值，是中华民族的优秀文化遗产。近年来，随着媒体的大力宣传，公众对历史文化村镇的认识有所加深，我国社会各界对历史文化村镇的关注度也不断提高。在历史文化村镇保护的问题上，随着对历史文化名镇（村）保护的理论与实践应用的展开，取得了相当多的经验，大批的专家、学者、研究人员在历史文化名镇（村）保护上努力探索，取得了丰硕的成果。但历史文化名镇（村）保护依旧任务重大、刻不容缓。不少历史文化名镇（村）正在受到破坏，日益缩减衰败。历史文化名镇（村）的保护观念仍有待普及，保护方法仍需要完善。这方面的主要问题有：

（1）忽视自然环境的保护；

（2）忽视非物质文化遗产的保护；

（3）忽视生活真实性的保护；

（4）过分强调旅游经济效益、盲目复古；

（5）消极对待保护、建设性破坏仍在发生；

（6）忽视保护与发展的关系，简单化保护较为普遍；

（7）忽视特色差异性的保护。

第三节　目前河南省历史古镇保护与更新存在的问题

一、缺乏整体科学性规划

由于河南省各地社会条件、地理条件、人文条件、经济条件的限制，历史古镇古建筑分散、街巷格局肌理保留不完整，古镇建设中人居环境的整体规划问题比较突出。部分地方政府注重政绩，盲目地进行古镇开发建设，建设性破坏严重。忽视了对地区古镇保护建设的整体性、科学性规划。这种现象破坏了历史古镇人居环境的健康、可持续性发展，给历史古镇建设的进一步发展制造了麻烦。

二、思想认识深度不够

就重避轻、片面单一。由于对历史文化资源的稀缺价值认识不足，许多历史文化名镇在旧城改造及拆迁的政策下，不断进行着建设性的破坏、破坏性的建设。有的名镇非常重视历史文化风貌的申报工作，但申报成功后对其管理和保护非常不到位。此外，由于国家对于历史文化名镇的概念中明确规定"保存文物特别丰富，具有重大历史价值和革命意义的城市"才能当选，因此在具体的实施保护中，为了切实符合历史文化名镇的评选要求，相关部门首先加大了对已经确定为国家级、省级的"重大、珍贵、稀有"的资源的保护，而对于同样有纪念价值的其他广阔资源，如古镇的城墙、环城河、街道、植被等保护重视程度不够，这些历史资源则因未得到及时保护而逐渐失去了昔日风采。

三、保护资金不足

如同国内众多古镇一样，河南历史古镇在城镇化浪潮的巨大冲击下能够保留现在的遗存，原因在于当地经济落后而使绝大部分群众无力改善自身的居住环境。经济落后使古镇面临基础设施、公益设施匮乏，居住环境恶化，大量古代建筑亟待修缮等难题，保护经费短缺成为当前制约古镇保护的首要问题，古镇在旧城改造、但作为主管的建设部门和文化部门经费非常有限。在有限的资金下，只能优先选择等级高的文物进行保护修缮。虽然有些古镇也采用了招商引资的方式进行资金的筹集，但由于河南省的多数古镇经济基础都比较落后、商业价值不大，招商有很大的困难性。此外，有些古镇尝试进行商业化模式运作，将古民居辟为商业街，对外营业，但由于这些古镇旅游业并不兴盛，非但没有招徕更多游客，反而破坏了古镇的历史文化风貌，与整体景观不协调。因此，如果不解决古镇保护的资金问题，很多保护方面的设想只能作为空谈。

四、历史功能衰退和管理制度缺失

只要历史地段具有实际功能其价值就可以继续存在，并且发展繁荣，如果经济、贸易、技术及文化方面的变革使其丧失了原有的功能，那么该地区就会走向衰败。历史古镇是人文的物质空间，其本质在于人与物质环境的关系。河南省古镇发展动力锐减，物质环境的功能性衰退导致古镇传统的社会生活方式受到冲击，大量经济条件好的居民尤其是青年人迁出老街，异地生活，目前留在老街内居住的以缺乏经济收入和劳动能力的老年人及经济条件差、文化层次低的人群为主，以致不法分子的偷盗和文物贩子低价收购古民居建筑构件的事件时有发生，古镇人为破坏程度日益严重。很多古镇管理体制不完善。相关机构的事权与职权关系未理顺，而大多数古镇内文物保护单位由市文物局负责；市城镇建设管理部门对古镇保护缺乏相应的权威和实际管理职能；多数当地政府的属地管理作用没能体现。二是法律制度不完善。据调查，河南省很多历史古镇缺乏相应的保护法规，导致虽然有的已有高水平的保护规划方案，但保护管理工作无法可依，对破坏历史文化遗产的建设行为和日常发生的其他违法违章行为缺乏强制性监督和制约。

五、典型案例分析：朱仙镇

河南省朱仙镇是国家第二批公布的历史文化名镇，位于河南省开封县城西南，北距开封市区约 15 公里，距开封县县城约 20 公里，南接开封市尉氏县（图 2-1 和图 2-2）。历史上朱仙镇与佛山镇、景德镇、汉口镇并称我国四大名镇。朱仙镇文化底蕴深厚，历史遗存丰富，现有国家级文物保护单位 1 处，省级文物保护单位 4 处，市、县级文物保护单位 12 处。朱仙镇被列为中原旅游区开封市近郊重点旅游宋都景区郊外景点；中国木版年画、新春楹联、豫剧祥符调的发源地。朱仙古镇的整体风貌保护、非物质文化遗产保护和基础设施建设等方面存在问题。总结起来有以下几个方面。

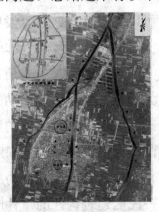

图 2-1 朱仙镇现状镇区格局

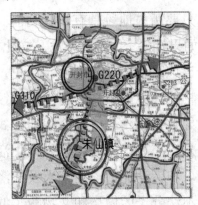

图 2-2 朱仙镇在开封的区位

（一）整体风貌破坏严重，生态环境恶化

调研发现，朱仙镇历史上寺庙多达 110 多处，现在镇区仅存关帝庙（图 2-3）、清真寺（图 2-4）、岳飞庙（图 2-5）三大寺庙；许多古街道和古民居也遭到了破坏；启封遗址、韩世忠墓、点将台等遗址缺乏有效保护，资源大多处于被闲置破坏状态。其他古民居零星分布于整个古镇镇区中，造成了古镇虽基本的空间格局未改变，但整体风貌遭到了破坏。最重要的是由于现代经济的发展和新文化的冲击使城镇遭受不可逆的破坏。加上朱仙镇处于经济欠发达地区，当地政府虽然曾经邀请规划机构针对古镇的保护和开发多次编制保护规划，但巧妇难为无米之炊，每年政府下拨的资金加上专项经费远不能满足现实所需。由于没有足够的经费，大量的古迹遗存得不到有效保护。

图2-3　关帝庙

图2-4　清真寺

图2-5　岳飞庙

（二）基础设施建设难以满足现实需求和发展需要

调研发现，古镇内部街道狭窄，近年基础设施基本未进行应有的提升和改善。镇内道路交通缺乏合理规划和管理，连接开封市区和朱仙镇的省道S219，道路狭窄，缺少街道景观陪衬，导致交通极为不便，居民出行困难；公厕、垃圾收集点、转运站等建设滞后，导致镇内环境卫生较差；缺少供给和排水管网，致使生活污水多就近排入水体，严重污染环境；供电、电信线路高架无序，古镇基础设施的落后，造成居民生活不便，调查发现原有居民 70% 外迁，而城镇老年人居多，影响古镇的活力。

（三）水体环境污染严重，河道景观失去载体

古运粮河是朱仙镇的"母亲河"，是朱仙镇的灵魂。调研发现目前古运粮河河面狭窄，河道淤积，面临干涸危险，河道环境急需改善。由于自然原因和多年来缺乏治理，运粮河已与外围水系失去自然联系，基本丧失了自净能力（图 2-6）。此外，由于排水系统不完善，运粮河成为居民污水排放、垃圾倾倒的场所，污染极为严重。运粮河水体的污染，使得构成古镇重要元素的水乡景色荡然无存，也使镇内生态环境遭到严重破坏（图 2-7）。

图 2-6　运粮河现状　　　　图 2-7　运粮河现状界面

（四）非物质文化遗产传承困难

调研发现，虽然朱仙镇拥有丰富的木版年画等非物质文化遗产，但却对其独特风貌的非物质形态元素重视不够，往往只注重构成空间形态的物质元素。非物质形态的历史文化遗产指文化艺术、生活情趣、民间习俗、社会生活等人文环境特征，它是古镇历史文化中富有活力的元素。但由于经济形态的改变、外来文化的传入，其"原真态"濒

临变异和失传，技能降低，内容逐渐残缺，传承人逐渐散失，承载其产生发展的物质空间也逐渐丧失。同时，对非物质文化遗产的开发利用尚未能找到合适的方法，对其保护的资金来源无法保证，使得非物质文化遗产的形式和传承都面临很大的困境。

（五）传统空间肌理难以满足现代社会生活

朱仙镇是水运交通要道和商埠发展的产物，空间尺度、建筑体量、街道格局及各类设施自然适应当时的社会生活、生产方式、交通方式、起居形态，但很难满足大规模城镇化和工业化所带来的现代社会发展需要。现代社会无论是生活形态、交通工具、经济结构、生产方式、出行方式、物流集散、信息传播，还是社会组织、社区发展、文体生活，乃至思想观念诸多方面，都与历史文化名镇传统存在着极大的差异。与商埠繁华和早期工业化时代相比，生态文明时代的现代社会生活不仅需要开放性以及大尺度、大空间，更需要社会要素之间频繁的沟通互动。城乡规划建设必然会打破传统空间肌理固守自我的封闭性。

（六）保护性建设性破坏较大

近几年对古镇部分地段进行了修缮改造，但由于机构不健全、财力紧张等原因，导致没有完全按照规划进行保护，保护过程中重新修建一些仿古建筑，如岳飞庙等重建建筑人为痕迹较重。古镇传统风貌特色有所消退。重要古街巷如岳庙大街、西大街、京货—铜坊街风貌格局犹存，但两侧私搭乱建，缺乏公共开放空间，不能满足防灾、市政等需要。这种破坏由于居民对生活质量要求提高与历史建筑落后的设施功能相矛盾，人们对历史建筑等进行人为的拆除、翻新、搬迁等行为。另外，古镇外围空间也遭到工业化的不断压缩和冲击。

第三章　河南朱仙镇的保护与转型

第一节　朱仙镇历史文化资源及价值评定

作为欠发达地区，河南省的历史古镇上出现许多大拆大建的现象，外来文化冲击着人们的思想，城镇建设出现趋同化，城镇面临着个性危机。河南省朱仙镇有着悠久的历史，其改造与更新对于地域文化的挖掘、传承与升华有着重要的意义和价值。

一、地域文化形成的因素

朱仙镇地域文化的形成主要受自然环境和人文环境两方面的影响。

（一）自然环境

朱仙镇地处黄淮平原，系黄河冲积平原，地质构造为第四纪沉降地层，土质以两合土、沙质土为主，土层深厚，矿产资源稀少。整体地势自西北向东南微微倾斜，区域地势平坦，地下水含量丰富，地表径流相对较少，海拔在 64～73 米之间。该区气候属暖温带大陆性季风气候，春季干旱多风、夏季炎热多雨、秋季凉爽、冬季寒冷少雪，四季分明。境内地表径流主要有东京运粮河、运粮河东支、运粮河西支、东二干渠、涡河故道等，同时水塘数量众多。东京运粮河即贾鲁河，在中国历史上，贾鲁河于明弘治七年（公元 1494 年）开始开掘，至明末，贾鲁河完全开通，朱仙镇成为水运要塞，繁荣伊始。现今的贾鲁河河水极浅，部分地方已经干涸断流，但仍是我省豫东平原地区一条主要的排水河道，朱仙镇镇域泄洪的主河道，以除涝、防洪为主，兼顾城镇排水、排污，对村镇防洪和农田排水起着举足轻重的作用。

这些气候条件不仅制约着人们的生产与生活方式，也很大程度上影响了历史古镇的空间布局和建筑设计。

（二）人文环境

在人文环境层面，地域文化更体现在人文环境的非物质层面上。朱仙镇作为国家级历史文化名镇，历史悠久、文化积淀深厚。历史上朱仙镇曾和赊店镇、回郭镇、荆紫关镇并列为"河南四大名镇"；与广东的佛山镇、江西的景德镇、湖北的汉口镇并称"中国四大名镇"。现有国家级文物保护单3处（朱仙镇清真寺、岳飞庙、关帝庙）；省级文物保护单位2处（启封古城、大石桥）；市、县级文物保护单位运粮故道、点将台等9处。点将台、牛头山、青龙岗、新河碑、韩世忠墓、庙岗古槐、郑氏祖茔、关公庙遗址、东双泰古井、清真女学、大量庙宇、古代墓陵等古迹，形成了"内外八景"，内八景"相思槐"、"饮马泉"、"铁杆栖风"、"五奸跪忠"、"春秋楼"、"清真寺"、"陨石狮子"、"运河夕照"。镇四周有"点将台"、"烽火台"、"孟昶墓"、"仙人桥"、"九龙口"、"迷魂阵"、"青龙岗"、"朱亥坟"外八景。同时还是中国木版年画、新春楹联、豫剧祥符调的发源地，其中，木版年画2006年被列入国家首批公布的非物质文化遗产。因而，该镇具有独特的社会价值、人文价值、历史价值、民俗价值。

在几千年的演变中，逐渐形成了自己特有的地域文化特质，这些特质同时受深层观念的影响。创造富有地域文化特色的街道环境，并不是对传统地域基因的简单复制、模仿，而是对其深层次内涵的理性承传，需要我们深刻理解和尊重地域文化。以下针对历史古镇格局、历史文化特色、物质和非物质文化遗产及价值进行评定，为保护和发展的依据。古镇改造应以保护地域文化为前提，找到地域文化与经济发展的契合点；环境就是价值，城市规划要尊重地域文化，体现生态保护观。

二、朱仙镇的文化资源与评价

（一）历史文化渊源

结合朱仙镇在春秋战国时期、唐宋时期、明清时期、近代时期和改革开放后等五个重要阶段的历史状况，通过细致分析可以看出，朱仙镇总体上经历了发展—繁荣—衰落—崛起的历程。

中原一直被视为兵家必争之地，春秋战国时期的中原历史正是这种说法的真实写照。当时中原地区诸侯群起，战争不断，这时的朱仙镇因其特殊的地理位置与地理环境，被作为重要的军事战略要地；而在和平时期，朱仙镇则承载着经济职能的要素。此时启封古城则是朱仙镇所在区域的核心。

唐朝时期启封县治所迁至今开封城的位置后，启封古城开始逐渐废弃，而水运日益发达的朱仙镇开始逐渐发展起来，享誉海内外的"朱仙镇木版年画"就是诞生在唐代，并于宋朝开始兴盛。由于正处于"南水北陆"交通的枢纽位置，北迁后的开封城一直是作为水陆交通要道和商埠之地，并逐步繁盛起来。从"五代十国"时候的后周——北宋时期，开封一直作为都城，朱仙镇则作为开封的"南门户"而迅速发展，此时的朱仙镇主要职能为军事、经济和交通。由于长时期内良好的地区政治环境，其经济职能日显重要，这为朱仙镇以后的繁荣奠定了基础。

明朝时期是朱仙镇的鼎盛时期，此时北部开封地区汴河由于淤塞已经丧失水运功能，而贾鲁河（今运粮河故道）水运则日益发达起来，使朱仙镇成为华北地区最大的水陆转运码头而迅速繁盛。到了明朝末年，朱仙镇已经与广东的佛山镇、江西的景德镇、湖北的汉口镇，并称为全国四大名镇。到了清康熙朝，朱仙镇作为四大名镇之首进入鼎盛时期。此时的朱仙镇的主要职能为交通、经济、政治。

自清雍正元年开始，贾鲁河（今运粮河故道）由于其黄河泛滥而多次淤塞，其交通枢纽的地位开始动摇。进入近代后，贾鲁河航运已经是非常困难，朱仙镇开始进入衰退期；到了晚清时期，由于铁路交通的兴起，南北交通枢纽开始由于其枢纽地位的丧失，加上后来中原战争不断，虽然城镇面貌依旧完整，但经济上已经很落后了，和四大名镇时代相比，有霄壤之别了。

改革开放后，随着国家重心的调整，朱仙镇开始大力发展经济建设。由于紧邻开封，凭借其区位优势和交通优势，朱仙镇经济得以迅速发展，此时的朱仙镇开始作为开封南部的集商贸、旅游、绿色生产等特点为一体的中心城镇。进入新世纪的朱仙镇继续以"建设有中国特色社会主义"的思想路线为指导，坚持科学发展观，以促使朱仙镇经济"又好又快"的发展。

（二）朱仙镇格局

规划对朱仙镇的空间形态变迁作了详细的研究。主要针对：由运粮河——镇的血脉、西大街——镇的中心、老街市——镇的骨架、古桥——镇的纽带、建筑——镇的实体等部分组成的传统型空间结构形态；小农经济私有制基础上的社会空间结构解体后以无序建设为特点的过渡型空间结构形态；保护与旅游开发后老商业街市复苏，新商业街市形成的变革型空间结构形态进行了分析。

目前的传统空间结构主要由运粮河、岳庙大街、西大街、京货—铜坊街、古桥及历史建筑群组成，形成"一庙、一寺、一河、一画、一街"的空间结构。古镇内保留有大量古色古香的旧式房屋。镇区中还有繁盛时期保留下来的杂货街、曲米街、油篓街、炮房街、估衣街、京货街等许多古街道名称。仿古建筑风格多样，宋、元、明、清和民初各代特色齐全，其中以仿明清建筑著称。古镇区以岳飞庙、清真寺、运粮河、西大街、岳庙大街为主，承载了我国古代商业、宗教、民俗和英雄信义等文化特征，更是多种文化的交汇融合。

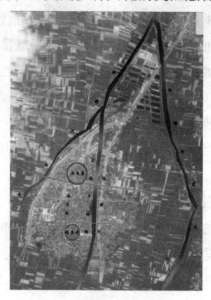

图3-1　现状镇区格局

（三）历史文化名镇的文化特色

1.朱仙镇的资源价值

朱仙镇作为历史上"四大名镇"现存唯一名镇，有其独特的资源价值。

（1）世界范围内来讲

朱仙镇木版年画是中国木版年画的鼻祖，我国民俗文化的瑰宝，具有社会学、文化学、民俗学、美学等多方面的价值，是古代集绘画、雕刻、印刷于一体的艺术文化代表。

（2）区域范围来讲

朱仙镇的兴衰成败与运粮河息息相关，朱仙镇成于运粮河，败于运粮河。同时也是一河穿城、两水环抱、水城交融、东西两镇、双子城的布局形成的所在。

民族将领岳飞朱仙镇大战，这一历史事件使得朱仙镇成为耳熟能详的名镇而享誉中国，更是岳武文化的典型代表。朱仙镇是郑氏家族的发源地。

（3）镇域范围来讲

朱仙镇建城历史悠久，有启封故城遗址，是黄河流域古代文明重要的发祥地，中原经济、文化的中心，历代封建王朝的屯兵重镇。据史料记载，为春秋时所筑，距今已经有 2700 年的历史。

2. 朱仙镇的文化特色

文物古迹众多：拥有春秋战国、宋、元、明、清等时期的历史文化遗存，建筑规模宏大、风格多样。尤其是清真寺，是河南省现存规模较大，较完整的伊斯兰教古建筑群之一。

古城传统空间结构完整、传统风貌独特：很多传统街道名传承下来。有与商业、手工业有关的街名、胡同，如西大街、保元街、南北兴隆街、瓷器胡同、车店街、张坊街、毡坊胡同等；有与庙宇、历史典故及所处位置有关的街道，如四眼井街、回龙巷、大关帝庙东街、三官庙街、火神庙街等。

繁华的明清商业文化：朱仙镇的城镇格局不仅体现了我国古代社会以经济为中心的城镇格局特色，而且是我国古代城镇传统里坊制被打破，传统商业街市形成的代表。朱仙镇商贾云集，商业繁荣甲天下，一直是水陆交通要道和商业重地。朱仙镇以其商业的繁华而著称于世。古镇中的 36 条街 72 个胡同的名字正反映了明清经济文化的繁荣。

回汉民族文化交融：穆斯林宗教文化历史悠久、内容丰富、活动集中。回族节日主要有大、小尔代节、开斋节等。回族所经营的主要是牛羊肉屠宰业、皮革粗细加工和饮食业。

地方民俗、技艺和戏曲特色突出：是豫剧祥符调的主要发源地，是地方庙会文化发展的结果，对我国戏曲文化领域具有重要的影响，占有重要的地位。

朱仙镇历史文化特色可概括为以下几个方面。

（1）历史特征：名镇之首、历史悠久、郑氏起源、朱亥故里、开封门户、战略要地。

（2）文化特征：英雄信义、回汉交融、庙宇众多、年画之乡、民俗多样。

（3）商业特征：东西二镇、街巷纵横、水陆枢纽、商贾云集。

（4）自然生态特征：一河穿城、两水环抱、生态良好、古韵犹存。

（四）物质文化遗产及价值评定

历史长河在古老的朱仙镇境内留下了大量的文物古迹和历史记忆，反映各个时期特色的文化主要处于春秋战国时期、唐宋时期、明清时期。各种文化背景下，朱仙镇历史职能不同，发展因素也不一样，内容多样、内涵丰富，是中原历史文化的重要组成部分，对研究中原文化的发展具有重要的意义。郑庄公开疆拓土、名人朱亥的故里、中国木版年画的发源地、岳飞大破金兵、祥符调的起源、回族文化的渗入以及贾鲁河对朱仙镇的兴衰的影响，都反映出朱仙镇不平凡的历史过程及其丰富的文化内涵，对于朱仙镇是一笔宝贵的历史财富，也是以后朱仙镇自身发展的一面镜子。通过对朱仙镇历史文化等方面的研究，及对朱仙镇各类文物古迹及古镇区全面实地踏勘来综合分析古镇的历史特色、并深入挖掘古镇文化内涵。

1. 历史建筑

朱仙镇的现代格局是明清鼎盛时期形成的，镇区内建筑特色主要以明清时期风格体现。朱仙镇自宋代以来，水陆交汇，南舟北车从此分向，商贾云集，商业繁荣甲天下，一直是水陆交通要道和商业重地。朱仙镇以其商业的繁华而著称于世，是庙宇最多的古镇，仅知名的庙宇达 100 余处，其建筑特色以现存的岳飞庙、关帝庙和清真寺的建筑最为出名。其余历史建筑包括西大街两侧古民宅建筑群和近现代代表性建筑等。

（1）清真寺

朱仙镇清真寺是河南省现存规模较大、较完整的伊斯兰教古建筑群之一，带有浓厚的民族色彩和装饰风格，具有多种职能作用的宗教活动场所，面积 9000 余平方米。它始建于北宋太平兴国年间，扩建于明嘉靖十年（公元 1531 年），清乾隆九年（公元 1744 年）重修，寺坐西向东，在中轴线上的建筑（现存）有前山门、碑楼、大殿、窑殿和后山门；两侧的建筑有南北厢房、沐浴室等。山门及大殿上方悬挂鎏金匾额五块，分别制于清乾隆、道光、咸丰、光绪年间。寺内的木雕、石雕、砖雕艺术精湛，面积较大，主体建筑的构件上布满雕饰，题材广泛，内容丰富，有阿拉伯文、山水树木、花草鸟鱼。图案雕饰动静兼备、栩栩如生，细腻流畅，技艺高超。清代彩绘线条粗犷，手法纯熟，具有浓郁河南地方手法。大殿的透明鱼鳞窗独具风格。清真寺是汉文化和伊斯兰教文化的巧妙结合，是一座极其珍贵的建筑艺术宝库。

价值评定：

第一，清真寺是反映穆斯林进入中原进行政治、经济、文化、教育、体育、生活等一切社会活动的缩影。清真寺是穆斯林集会、发布重要信息、进行宗教活动的场所，也是穆斯林进行政治、经济、文化、体育、生活等一切社会活动的场所。明清时期，以赛氏家族（阿拉伯人的后裔）和被称作“马客”的陕西人为代表的大批中外穆斯林商贾挺近中原地区的商业重镇——朱仙镇进行商品贸易，曾在此修建七座清真寺，全国实属少见。目前仍保留完整的宗教礼仪及传统的经堂教育，沐浴室、习武馆等设施齐备。波斯语和阿拉伯语的日常用语在穆斯林群体中仍在交叉使用，中国文化与伊斯兰文化相融相通，这些珍贵的历史遗产，对研究明、清时期穆斯林与商业重镇的历史渊源、贸易往来、经济繁荣、文化交流，具有一定的历史意义和现实意义。

第二，清真寺精湛的雕刻技艺，充分体现了古代劳动人民的聪明才智。清真寺的建筑装饰艺术主要体现在砖、石、木三雕上，分别采用了透雕、浮雕、线雕等技法，将内容丰富、题材广泛的各种文化融合在一起。砖雕主要集中在大殿、卷棚的迎头上及山门两侧扇面墙上，其中“经文花草图”令人拍案叫绝，石雕主要表现在山门的柱础、石柱及抱鼓石上。柱础上梅、兰、竹、菊等图案，雕工精细，生动逼真。石柱上雕刻的“八仙宝瓶”等图案，反映了我国传统的历史人物故事。特别是山门四根石柱上镌刻着对仗工整的对联：“主恩弥大地跪拜处毋忘蹐厚跼高，圣教炳中天趋跄时须守言规行距；所传有圣所述惟贤教之诲之育亿万人之灵秀，与地同流与天合化悠也久也运千百世之清真”，体现伊斯兰教义之精萃。山门南侧的“未雨先知”石是古代劳动人民预知天气变化的“晴雨表”，奇妙无比。木雕是清真寺面积最大、种类最多的建筑装饰，每座建筑物都采用木雕装饰，有山水树木、花草鸟鱼、珍禽异兽、楼台亭阁、人物故事、民间传说及阿拉伯文，尤其是山门檐下透雕“群狮舞绣球”、“双龙腾云”立体动感、栩栩如生。凡到此参观的专家、各级领导及中外友人无不对清真寺的砖、石、木三雕饰品赞叹不已，同时也对古代劳动人民精湛的雕刻技艺给予高度评价。

第三，清真寺集古代历史、力学、装饰、美学于一体，是清代地方伊斯兰教建筑的精品。朱仙镇清真寺在建筑设计和营造上颇具匠心，它使用了庑殿、歇山、硬山、悬山、卷棚以及屋顶样式之间的巧妙配置，形式多样，主次分明，错落有致，精巧大方。山门、卷棚、大殿的基本结构充分利用力学原理，其梁架通过榫卯相连，将重力均匀分散在檐柱、山柱和金柱上，极为稳固，充分反映了古代劳动人民高超的建筑技术。无论是由十二根石柱擎撑的山门，或是由四十八根木柱支撑的一座庞大的而又起伏灵活的大拜殿，从力学、美学的角度讲都具有很高的科学和艺术价值。

　　第四，清真寺蕴藏着十分宝贵的史学价值。清真寺的装饰纹样大多为吉祥图案，如连年有余、喜上眉梢、书香门第、龙腾凤舞、鹿鹤同春等，生动逼真，寓意深刻，是古代劳动人民用形象的画面表征抽象的理想、意愿和情感的一种独特的艺术手法，用刀和凿塑造出各式各样的直观动感和艺术形象，达到了雅俗共赏的美妙境界。吉祥平安、趋利避害、弃恶扬善是包括穆斯林在内的中华民族亘古永恒的追求和愿望，是时代精神、民族精神的一种体现，记录了中国悠久的历史文化，反映了中国古代的民俗风情，寄托着古代劳动人民对美好幸福生活的憧憬。

　　第五，清真寺具有宝贵的艺术价值。清真寺的清代彩绘堪称艺术珍品。清真寺的清代彩绘，具有浓郁的河南地方手法，目前现存较少，清真寺虽然经多次修葺，目前仍完整保留，实属不易。殿檐下及梁架上的彩绘大部分采用花卉、几何图案，运用中国传统的艺术手法，达到富有伊斯兰特点的艺术效果。线条粗犷，朴素简洁，高雅明快，别具风格，是研究清代绘画艺术的宝贵资料。

　　第六，朱仙镇清真寺是民族大团结、大融合的实物例证。朱仙镇清真寺历史悠久，历史上多次修葺、整修，至今始终以旺盛的生命力而存在，昭示了伊斯兰教义在中国的认可，反映了穆斯林在进入中国之后不同时期服从当时统治者，并和当地汉族群众团结和睦相处。同时清真寺仍保存有完整的伊斯兰教礼仪，且设备齐备，反映了穆斯林进入中原，繁衍生息，耕耘家园，爱国爱教，是民族大团结的桥梁和窗口。

第七，清真寺（图3-2至图3-4）是穆斯林进行爱国主义教育的基地，是加强群众联系的桥梁与纽带。清真寺不仅是传播伊斯兰文化，举行宗教活动，处理宗教事务的场所，更重要的是对穆斯林群众进行科普教育、普法教育、爱国主义教育、思想政治教育的基地，是加强党和穆斯林群众之间联系的桥梁和纽带。近二十年来，国家、省、市领导人曾多次莅临清真寺，与穆斯林群众亲密接触，共话民族团结，并一致认为将清真寺作为新时期特殊的教育基地，充分发挥其职能作用，具有非凡的现实意义。

综上所述，朱仙镇清真寺有较高的历史价值、美学价值和独特的艺术价值，更有着深刻的伊斯兰文化价值，在中国宗教建筑之林别具一格，丰富了中国古代建筑文化艺术宝库，是我国民族大融合、民族大团结的实物例证。

图3-2　清真寺　　　图3-3　清真寺雕刻　　　图3-4　清真寺木雕

（2）岳飞庙

始建于明成化十四年（公元1478年），是我国历史上四大岳庙之一。岳飞庙居古镇的西北隅、运粮河西岸，面积为10565.28平方米。朱仙镇是岳飞建功立业之地，也是岳飞无奈班师之所，因而朱仙镇岳飞庙得以名扬四海，成为全国四大岳庙之一。朱仙镇岳飞庙始建于何时，不可考。经过历代扩建、修葺，岳飞庙得以保存至今。如今的岳飞庙，有各种殿房四十余间，雕梁画栋、古色古香；塑像完整、形态逼真，已成为中原一带的旅游景点。这座岳飞庙坐北向南，山门前是五奸反剪双手赤上身铁跪像，走过五奸铁像是山门，进山门便是前院。前院为岳庙正殿，后院为寝殿，庙宇庞大，建筑雄伟，气势磅礴，十分壮观。岳飞大殿及卷棚，都是绿瓦盖顶，飞檐挑角，雕窗画栋。正殿与初殿主架都是木质结构，有十二根主柱。

价值评定：

第一，岳飞庙内现存的古建筑大殿，是明代所建，清朝时期经过多次修葺，保存至今。其建筑除保持中原风格外，吸收了南北建筑特色为一体。此外岳飞庙内还现存的岳飞夫妇青铜鎏金像，是国内罕见的珍奇国宝。

第二，岳飞庙作为爱国主义教育基地，它所体现的民族精神，成为中华儿女自强不息的动力。

（3）关帝庙

关帝庙坐落在朱仙镇中心，岳飞庙东邻，始建于清康熙四十七年（公元1708年），坐北向南，占地二十多亩，山门外侧，两旁15米处树铁杆栖风旗杆一对，现已不存，山门外侧8米处有石狮子一对，站立两旁，山门面阔三间，进深二间，青石台阶、碧瓦盖顶，进山门两侧有钟鼓二楼，北面有东西厢房，院正中有大殿，面阔五间，进深三间，大殿后60米有春秋楼，高18米，面阔五间，进深二间，东西有耳房等，以上建筑大都在"文革"期间被毁，现存有卷棚一座，石狮一对，现为朱仙镇木版年画社。

价值评定：

第一，关帝庙是明清商业庙会兴起的集合地。据志书记载，关帝庙始建于明嘉靖年（公元1527年），是朱仙镇历史上较为著名的古老庙宇之一，代代相修，是历代皇亲国戚、达官贵族、文人学士、商人等常来祀拜的地方。同时也是山西商人利用庙会扩大业务的地方。由于关帝庙地处名镇，游人众多，随着明、清朱仙镇的商业发展，兴起了定期商业庙会和民间娱乐活动，据志书记载："关帝庙闹市也"庙宇之大，可容几万余人，凡商品交易，皆在其中。

第二，关帝庙是朱仙镇鼎盛时期商业繁华的标志之一，对中国封建社会资本主义工商业的孕育，对推动社会经济发展，起着重要作用。也见证了近代朱仙镇的逐渐衰落。

第三，它所体现的信义精神，成为朱仙镇"商业兴镇"的动力。

第四，关帝庙内的古建筑，系清康熙年间山西众商户修建，其建筑除保持中原风格外，还吸收了南北建筑特色，剔透精巧、绚丽多彩。木雕、砖雕、石雕，人称"三绝"，是国内罕见的古建文物、珍奇瑰宝。

第五，关帝庙内的民间文化娱乐活动，对河南乃至中国戏曲，文化活动的发展起着举足轻重的推动作用，给后来的河南豫剧"祥符调"打下良好的基础，同时也对研究中国古民间艺术、文化艺术起到了积极作用。

（4）西大街清真寺女学与寺南街清真寺女学

西大街清真寺女学（图3-5）位于西大街东侧，寺南街清真寺女学（图3-6）位于寺南街南侧，其建筑形式均为中原穆斯林风格建筑，均为一层建筑。西大街清真寺女学占地面积625平方米，建筑面积150平方米。寺南街清真寺女学占地面积674平方米，建筑面积192平方米。清真寺女学是伊斯兰教徒修行和做礼拜之地，进入院中，就感觉心静自然，一切神圣不可亵渎，荡涤掉心里的一切尘埃。

图3-5　西大街清真女学　　　　图3-6　寺南街清真寺女学

价值评定：

第一，建筑形式为典型的穆斯林风格，檐下及梁架上的彩绘大部分采用花卉、几何图案，运用中国传统的艺术手法，达到富有伊斯兰特点的艺术效果。线条粗犷，朴素简洁，高雅明快，别具风格。

第二，不仅是传播伊斯兰文化、举行宗教活动的场所，更是加强汉民和穆斯林群众之间联系的桥梁和纽带，体现着民族大融合，是信仰自由的见证。

（5）近现代代表性建筑

①西街供销社理发店

位于西大街中部东侧位置，保存完好，占地面积54平方米。门楼上的"全心全意为人民服务"几个大字清晰可见。

②供销社仓库

位于西大街和西衙门街交叉口40米处，保存基本完好，占地面积4000平方米，现已废弃。

③供销社粮仓

位于复兴街和铜钤街东南角，保存完好，占地面积2.89公顷。

价值评定：

第一，供销社仓库、粮仓和理发店建筑形式具有典型的"文革时期"建筑特色，建筑形式受前苏联建筑体系的影响，具有20世纪50

年代末期建筑的显著特点。有砖木和砖混两种结构，这两个不同时间建筑的使用材料及营造技术某种程度上也反映了我国建筑史的发展历程。

第二，建筑上一般都有手画主席像和手写标语、口号，反映了人们对美好事物的向往以及当时书法与绘画艺术的精湛。

第三，它反映了中国共产党人和中国人民建设社会主义及共产主义的热情和探索，是一笔非常重要的历史遗产，当时人们的集体主义精神、劳动热情，值得后人敬仰。

（6）古民居

朱仙镇鼎盛时期户数4万多，人口30万人，大小街道72个，大量古民居保留了下来，主要分布在西大街、京货街和北兴隆街两侧，火神庙街也保存有一小部分，在镇域韩岗村也留有7处，共68处。目前保存完好的有刁家大院、马家大院、文家大院、桑家大院、贾家大院，主要为四合院清式建筑。

价值评定：

古民居整体建筑形式和局部构件雕刻精巧、绚丽多彩，对研究明清时期建筑风格具有很大的参考价值，对古民居的原真性的保护将是对一批重要的历史文化遗产的继承和发扬。

2. 传统街巷

商业的繁华、庙宇的众多，必然有一种直观的文化现象反映。而朱仙镇的36条街72个胡同的名字就是这种文化现象的折射和反映，目前朱仙镇的古街巷主要包括岳庙大街、西大街、京货—铜坊街。镇区中还有繁盛时期保留下来的杂货街、曲米街、油篓街、炮房街、估衣街、京货街等许多古街道名称（图3-7）。

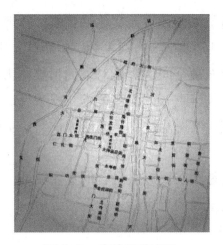

图 3-7　传统街巷名称

（1）西大街

西大街是古镇核心保护范围的重要组成部分，位于古镇区中部，功能以传统的商业街为主，是镇区重要的商业步行街道之一，总长度为 600 米。

西大街是传统的商业街，作为一条知名老街，连接着岳庙街和京货一铜坊街，走进街巷，眼观街旁成排古建筑，能亲身体会到朱仙镇深厚的历史文化气息；沿西大街从北往南，经过京货一铜坊街，为回族集居区，街区两旁商业活动繁盛，回汉民族文化交融在此，反映了当地民族多元文化的独特性。在此能切身感受到汉族文化和回族文化的融合。

价值评定：

第一，西大街是朱仙镇明清商业文化的代表。朱仙镇商贾云集，商业繁荣甲天下，一直是水陆交通要道和商业重地。朱仙镇以其商业的繁华而著称于世。古镇中的 36 条街 72 个胡同的名字正是反映了明清经济文化的繁荣，而文化产业的发展主要是以明清文化为核心和主轴。西大街处于连接东西和南北向主要景观点的中心地位，西大街正是结合历史和顺应趋势、体现着明清经济文化的繁荣。

第二，西大街是朱仙镇多元文化的代表，体现着城镇文脉和风貌格局。从岳飞庙到其清真寺，有汉文化、伊斯兰文化和明清商业文化，彰显着丰富多彩的城镇空间，更是对朱仙镇整体历史文化的浓缩。

第三，西大街具有重要的建筑艺术。整条街道上都是反映历史文脉的明清风貌建筑，其对历史文脉的研究，对历史的继承和发扬，具有重要作用。

第四，西大街是回汉民族大融合的重要见证，对传承中华民族的优良传统具有至关重要的作用。

（2）岳庙大街

以岳飞庙、关帝庙和对面的广场为主要标志，这一带是朱仙镇经济文化活动最为繁盛的区域，逢当地传统节日，各地百姓纷纷聚集于此，热闹非凡。

（3）京货—铜坊街

京货—铜坊街以南为回族积聚区，街区两旁商业活动繁盛，回汉民族文化交融在此，反映了当地民族多元文化的独特性。

3. 古文化遗址

（1）运粮河故道

运粮河目前为城镇的自然生态和木版年画为主的历史文化展示区；运粮河上有大石桥，历史比较悠久，为明朝所建，此外还有大桥和二桥。运粮河在镇区段长度为 2.1 千米，平均宽度 30 米。运粮河两侧还保留着朱仙镇传统尺度和建筑风貌，感受到中原古镇的昔日风韵。

价值评定：

运粮河是朱仙镇兴衰成败、历史变迁的见证。贾鲁河的开通，加强了朱仙镇与外地的联系，作为开封唯一的水陆转运码头，同时作为贾鲁河的终点，当时的朱仙镇成为河南水陆交通联系的要地，外地客商大量涌入，朱仙镇日益繁荣。自雍正以来，运粮河受黄河泛滥的影响，河道时有变迁并多次泛滥，淹没市街，淤塞河道。光绪三十三年京汉铁路通车，1912 年津浦铁路通车，南北交通路线的大转移使朱仙镇进入衰落的第二阶段。其后更历经军阀混战、日军摧残，到新中国成立前夕，朱仙镇已成为一个极端残破的集镇，和四大时代相比，有天壤之别了。

（2）启封故城遗址

启封故城遗址位于朱仙镇东南三公里的古城村，是春秋时代郑庄公所筑的一座著名的古城。启封城东城墙长 1105 米，西城墙 965 米，南城墙 70 米，北城墙长 550 米，周长 3330 米。现在还残存着西城墙北端 100 米左右的残垣，最高处距地面约 7 米，底宽 30 米。城墙的夯土结构依然清晰可见。这里需要说明的是，在宋代以前史书上所指的"开封城"均为"启封城"，后人为了与今日之开封区分，又称启封为"南开封"。

价值评定：

第一，启封故城遗址具有重要的考古和研究价值。该地区地表遗留大量河代绳纹灰陶片，特别是出土的一块北魏墓志砖，对于确定此城是否为启（开）封故城提供了有力证据，经考古勘探发掘，故城的位置、轮廓和面积及一些城门的设置已基本搞清。开封最古老城池的发现，对于研究开封早期历史变迁和春秋时期城市布局都具有重要价值。

第二，城墙的夯土结构代表了特定时期的建筑技术。一定程度上反映了建造技术的发展历程。

（3）岳飞点将台

绍兴十年，岳飞在朱仙镇大战金兀术。在镇西南三里许，有一土岗，青草茵茵，树木葱葱。据说，这就是岳飞当年的点将台。在点将台的南端，巍然矗立着两棵青松，枝繁叶茂，粗壮挺拔，虽历经风雨，却更加峥嵘。将台青松，由此得名。

（4）青龙背古战场遗址

青龙背古战场遗址为明代时期文化遗址，古战场位于估衣街村委西部，开尉路以西至镇域边界，南起朱仙镇，北至估衣街村委地界，南北全长 2.8 公里，东西宽 200 米。据当地老人介绍，近年来，经常发现人的尸骨和铁箭头、刀具等。

价值评定：

岳飞点将台和青龙背古战场遗址再现了战场场面的激烈，是岳武文化的典型代表，象征着正气凛然与威武不屈，反映了中华儿女为保卫祖国勇往直前的勇气与毅力，同时还有重要的考古价值。

4. 古墓葬

（1）郑氏祖茔

据史料推断，启封城为郑氏家族的实际发源地。最早有郑邴奉命建启封城，后来有记载的郑氏名人多祖居启封，1991 年春，台湾一郑氏代表团专门来豫寻根谒祖并立碑文。启（开）封作为中原郑氏的发祥地，其故城外西侧的墓区应为其郑氏先人的家族茔地，因此启（开）封才是郑氏祖根的所在。

价值评定：

1984 年出土了北魏郑胡铭墓志砖，墓志反映了北魏统治者内部斗争、开封古城地理历史沿革和荥阳郑氏祖茔问题，同时印证了"郑氏出开封"。因此郑氏祖茔具有重要的考古价值，是郑氏起源和朱仙镇历史的见证。

（2）韩世忠墓

韩世忠墓位于韩岗北部，为方圆 500 米见方的大土岗，现状保存完好。韩世忠是与岳飞同时代的抗金将领，其妻梁红玉是颇具传奇色彩的巾帼英雄，是中国历史戏曲中的当红人物。

价值评定：

韩世忠墓具有重要的考古价值，同时韩世忠精神更是给人以积极向上的生活态度与勇气。

5. 古石刻

（1）新河碑记

该碑现存于政府院内，高 2.4 米，宽 0.7 米，厚 0.26 米，碑文详细记载了明清时期，贾鲁河给朱仙镇带来的繁荣及当时的河南巡抚李鹤年治理贾鲁河的情况，具有重要的历史价值。

（2）庙岗泰山庙碑记

庙岗是朱仙镇东西三公里一个高耸的土岗，高五丈，当地村民在岗上建一二郎神庙，供奉二郎神，庙内现存两块古碑，分别是：清同治十一年（1851 年）和清光绪十八年（1857 年）重修该庙的碑刻，两块古碑已字迹斑驳，辨认困难，以两块石碑推断，此庙应在两百年前修建。

6. 其他历史环境要素

（1）古树名木

庙岗是朱仙镇东西三公里一个高耸的土岗，高五丈，当地村民在岗上建一二郎神庙，庙后有两棵黑槐树皮皱裂、虬枝苍劲，有一人合抱有余的古黑槐，其中东边一株槐树树干上又长出一株小黑槐，树龄比西边黑槐年长，树枝有的已折断，西侧古槐枝繁叶茂，其中一侧枝向西北方向伸展，较东边古槐年轻。根据建庙时间和访问村民，两株古槐树龄在二百年至三百年。两棵古槐苍劲，枝繁叶茂，生长旺盛，尚无古态，但给人一种肃穆、苍劲、神往的感觉。

（2）古井

东双泰古井，此井直径为 0.6 米，砖石结构，现已废弃。明清时，朱仙镇所产竹杆青酒颇负盛名，据说是用这口井的水所酿，其味甘甜，香气四溢，此古井依然存在，年代无从考证。

（3）古桥

大石桥、大桥与二桥，大石桥又称聚仙桥，县（市）级文保单位，位于朱仙镇运粮河北端，政府大街东端。为贾鲁河进入朱仙镇第一座石桥，该桥建于明代，桥长30米，宽8米，桥身均用红石砌成，有桥洞五孔。栏杆均饰以和尚头，为清代所建。据历史记载，大石桥即镇中最北之贾鲁河桥也，大石桥之南为二板桥，二板桥之南为贾鲁河出镇处也。

价值评定：

大石桥是朱仙镇兴衰的见证，朱仙镇因水运而繁荣一世，运粮河自北向南将朱仙镇分为东镇和西镇，石桥在明清时是联结东镇和石桥的唯一交通枢纽，昔日繁华时，大石桥承载了多少川流不息的人群，桥下走过多少运货的船只，一座大石桥，几度兴衰史，青石无语，河水长流。大石桥结构奇特，历经数世纪不毁，是研究桥梁史的重要实物。

（五）非物质文化遗产及价值评定

1. 木板年画

朱仙镇木版年画，是我国民间艺术长河中光辉夺目的一颗明珠，居全国五大年画之首，为国内外美术界所重视和敬慕。朱仙镇木版年画的内容，多系人们所熟悉的历史戏剧、小说演义、神话故事、民间传说等中的人物故事。2002年10月28日，首届国际木版年画研讨会暨全国木版年画六强大联展在朱仙镇开幕。朱仙镇被中国民协授予"中国木版年画艺术之乡"称号。

朱仙镇木版年画的历史悠久，经过1000多年的发展，形成了如下特征。

第一，用色讲究，采用矿物、植物作原料，使用传统工艺精心熬制而成，印制出的年画，色彩鲜艳，日久不褪色，呈现出对比强烈、色彩浑厚的风格。

第二，崇尚使用暖色，显得热烈奔放，将世俗生活中的色彩融于神祇崇拜的宗教色彩模式中。

第三，画面线条雕刻的有阴、有阳，古拙粗犷，概括性强，具有北方民族独有的纯朴、厚实、豪放的风格。

第四，以传统技法构图，整个画面饱满紧凑，有主有次，对象明显，情景人物安排巧妙，表现出匀实、对称的美感。

第五，以简洁、明快、夸张的手法表达、塑造英雄人物，其形象高大，一身正气，纯正无私而不带媚态。

第六，它选择的题材和塑造的人物，多取材于民间故事、神话传说、戏曲人物和人们所喜爱与敬仰的英雄豪杰。

朱仙镇木版年画是集体手工劳动的艺术结晶，是中原地区的优秀民间艺术，是中原文化的遗存，其价值主要有以下四点。

艺术价值：其构图饱满匀称，线条粗犷简练，造型古朴夸张，色彩艳丽，艺术风格独特，充分体现了中原劳动人民憨厚纯朴、热情豪放的性格和审美情趣，具有很高的艺术价值。

学术价值：它选择的题材和塑造的人物多是脍炙人口的民间故事、神话传说、戏曲人物和人们所喜爱与敬仰的英雄豪杰。这些都为研究我国历史学、文字学、民俗学、服饰演变、戏曲发展等提供了可观的史料。

收藏价值：开封朱仙镇木版年画的丰富内容和独特艺术形式在中国木版年画的发展史上具有极其重要的地位，极具收藏价值。

社会价值：发掘、抢救、保护朱仙镇年画，对河南乃至全国的精神文明建设，丰富人民群众的文化生活，提高人民群众的素质，构建和谐社会都将产生重要的促进作用。

2. 传统戏曲

朱仙镇是豫剧祥符调的主要发源地。豫剧又称河南梆子，分祥符调、豫东调、豫西调、沙河调等流派。

朱仙镇戏班：公盛班的代表剧目有《阴门阵》《芦花荡》《伐子都》《敬德打虎》《铡美案》《双凤山》《罗章跪楼》《豹头山》《反阳河》等等。

朱仙镇古戏楼：关帝庙戏楼、岳庙戏楼、天后宫戏楼、鲁班庙戏楼、救苦庙戏楼、山西会馆戏楼、葛仙庙戏楼等。

价值评定：

第一，具有重要的文化价值：戏班和戏楼之多，反映了当时朱仙镇繁华的市井生活景象，豫剧祥符调的发扬光大更是对朱仙镇戏曲文化的继承和延续。

第二，具有重要的创造价值：反映了朱仙镇人民迸发的想象力和创造力以及对戏曲的热爱。

第三，具有重要的娱乐价值：通过观赏性、参与性活动，达到休闲、娱乐的满足，得到精神上的舒放和陶冶，为广大市民提供丰富多彩的精神食粮。

3. 民俗

朱仙镇庙宇数量居全国之冠，因此什么神节、鬼节、庙会、道场等等，几乎月月都有。庙多庙会也多，如朱仙镇古庙会、正月初七火神会、岳飞庙会、西泰山庙会、郎神庙会、瘟神庙会、土地庙会等。

庙会具有重要的文化价值，它是净化心灵、关注生存、关爱生命的精神家园，是民间文化制作和消费的超级市场，是一种多元空间文化形态。

庙会具有重要的社会价值。它是一种典型的传统民间文化活动，是民间宗教及岁时风俗，也是我国集市贸易形式之一，堪称是融合祭神、宗教、游乐、贸易、祈福、相亲等众多功能于一体的民俗文化大舞台。

庙会具有重要的精神价值。庙会是中国传统文化中颇为独特的文化现象，反映了人们早年敬神祈福、求子问药、祈雨免灾的精神寄托和美好愿望，是集宗教信仰、商业集市于一体的文化节日。

庙会具有重要研究价值。可以了解古代市井生活，具有浓郁的民俗文化内涵，通过对它的观赏，可以感受深厚的民风民俗，感受朱仙镇的风土人情。

4. 传统口头文学及其他

（1）历史传说及典故

朱仙镇历史久远，发生在这里的名人典故不胜其数。如郑庄公启封建城；朱亥助信陵君"窃符救魏"；岳飞朱仙镇大捷；李自成朱仙镇大败明军等。

（2）"老字号"

"老字号"是商业源远流长、生意辉煌的象征，每个"老字号"都是信誉至上，致使在民众中留有口碑。豆腐干"玉堂号"，有三百年历史；经营门神"年画"的有"天义德""二合""老店"等四十多家；经营竹竿青酒的有"西双泰""乾泰""晋泰涌"；经营糕点及甜酒的"松盛长"等等。

价值评定：

第一，传说与典故的丰富是对朱仙镇商业繁华的象征，更是历史文化的反映，是对朱仙镇传统遗产继承和发扬。

第二，老字号更是体现的一种商业信义文化，体现了朱仙镇劳动人民的淳朴、勤劳民风。

三、朱仙镇的城镇建设现状

镇区有贾鲁河从镇域南北穿过，以贾鲁河（运粮河）为界，镇区主要分为两部分——东镇和西镇，河上有六座桥梁，又把全镇连成一体，东镇区主要为居住用地，西镇区为政治、经济、文化活动中心。镇区现存较完整的历史街区为岳庙大街、西大街、京货街—铜坊街等，这些老街区都是明清繁盛时期遗留下来的（图3-8）。

在镇区北部政府大街两侧，以行政办公用地及辅助的商业设施为主，多为现代砖混结构建筑。往南以岳飞庙、关帝庙和对面的仿古建筑商业城及广场为主要标志，这一带是朱仙镇经济文化活动最为繁盛的区域，逢当地传统节日，各地百姓纷纷聚集于此，热闹非凡。京货—铜坊街以南为回族集居区，街区两旁商业活动繁盛，回汉民族文化交融在此，反映了当地民族多元文化的独特性。西大街作为一条知名老街，连接着岳庙街和京货—铜坊街，走进街巷，眼观街旁成排古建筑，能亲身体会到朱仙镇深厚的历史文化气息；沿西大街从北往南，能切身感受到汉族文化和回族文化的融合。

图3-8　城镇镇区现状

第二节 朱仙镇传统规划思路的转型

随着全球经济社会的发展演进，大规模工业化发展对环境的污染和对生活多样化的扼杀，对未来城镇发展提出严峻的挑战，生态文明视角的下转型发展是必然之趋。古镇在现状保护与经济发展之间、保护的原真性与建筑更新之间、社会结构延续与开发利用之间存在多重矛盾。工业化时期更多的是注重古镇的旅游开发价值，而忽视对周边山水环境与历史脉络的保护，导致历史古镇山水格局的破坏和生态文化的遗失。以下从理念、产业、区域等方面分析古镇经济、社会和环境的可持续转型。

一、理念转型：从目标蓝图转向过程引导

先进的理念是推动名镇保护工作的重要保证。我国现有的保护历史古镇的模式基本是一种消极的静态模式，其特征是以控制性措施为主，局限于保护过去，忽略周边环境生态的保护。静态保护模式使我国大多数的古镇保护更多局限于形式上的保护，在保护上缺少实际意义的可持续性。早先的城市更新运动受到"形态决定论"思想的影响。例如奥斯曼的巴黎改建以及柯布西埃和以其为首的CIAM的"现代城市"虽然在其中有技术和艺术的融合，内容范围扩大，但是本质上都继承了传统规划观念，没有摆脱静态的形态规划总体、解决城镇困境。

基于生态环境资源的保护在表现古镇更新方面：一是古镇更新的政策重点从单纯的物质环境改善规划专项社会规划转向经济规划和物质环境规划相互结合的综合性更新规划；二是古镇更新方法从急剧动外科手术式的推倒重建走向小规模、分阶段和渐进式的改造，强调完善更新的过程。动态保护与渐进式更新保护作为以未来为导向，反

映城镇作为系统的可行性的持续性发展策略将古镇规划历史——现状——未来联系起来考虑，通过"持续规划"、"滚动开发"、"循序渐进保护"、"有机更新"、"绿色化保护"等规划思想工作方式实现一种动态平衡和可持续发展模式。

二、传统保护关注生态缺失到建立和谐共生文化系统

在现代经济高速发展的社会，现代化物质的追求太过急躁。工业化快速发展时期，古镇历史文化保护工作缺乏统一性，工作重点还停留在对文物单位的保护，重视古建筑保护而忽视自然环境的保护，忽视自然生态结构的完整性和连续性；重视物质遗产的保护而忽视非物质文化遗产和居民社会生活的保护，重视原真性的保护而忽视对生活真实性的保护，保护大多以点为主，缺乏对历史文化名镇、街区整体性和自然环境的保护措施。其次历史地段、历史街区保护范围模糊。由于许多文物如启封故城遗址、岳飞点将台及青龙背古战场等遗址古迹虽然保护和研究价值极高，但因遗址的存在形式、外观破败或埋藏于地下，未能受到足够的重视，致使部分历史遗址还未及时得到修缮与保护。所以在名镇保护的内容、层次及保护注入新时期生态规划的因素，需要从城镇产业发展、功能定位、城镇特色、生态低碳、绿色公共空间入手，使得整体与局部完美结合。

三、从城镇内部到区域共生

区域共生是指区域单元与要素间相互联系、相互制约、相互促进、相互嵌套的基本状态，通过要素整合与合理配置，是实现效用最大化和区域协同与持续发展的重要路径。区域共生正是基于以要素流与场域为媒介的区域竞争与合作发展模式，用于解决区域共生过程中的问题。因而，古镇与区域的关系，既体现在古镇与所在的镇区空间之间的纵向关联，表现为点与面的关系；又体现在古镇与区域内互相毗邻

的城镇、景区等共生单元间的横向关联，表现为点与点的关系。它们共同构成"古镇—区域"共生关系系统。传统古镇保护缺乏区域视野，处于重视经济发展目标而将问题局限在古镇内部，将古镇作为封闭系统，而不是与周围自然环境的共存、共生的统一体。

朱仙镇历史上作为四大名镇之首，这与其中原特殊的地理位置是分不开的。中原文化历史悠久，遗址古迹非常丰富，这是中原一笔宝贵的物质财富与精神财富，因此中原各地加大对历史文化遗产的保护和旅游开发工作，推动了本土经济的发展。但从整体上看，缺乏系统性，整体资源没有得到足够的挖掘，属于各司其职、各走其路的孤立的发展线路。没有一个良好的机制制定相对合理的战略来指导各地的旅游发展规划工作。中原城市群战略无疑是朱仙镇扩大其影响的一个契机，朱仙镇应结合其地理上与开封临近、历史上与开封有着渊源关系的优势，相互协调、完善交通，采取"合作共赢"的策略，互相促进，共同发展。

四、朱仙镇保护与更新转型策略引导

（一）生态理念引导：打造可持续发展空间

传统保护规划事实上更多地关注保护和满足旅游需要有关，而对古镇区居民的生活满足及各种建设、生产活动等生产活动的关注相对略少些。传统保护规划侧重空间环境和建筑实体的保全和改造。根据生态文明的要求，古镇保护涉及社会、经济、人文、物质空间等各个方面，生态视角下保护规划应基于复合多样、集约用地、节能减排、绿色出行四个层面构筑古镇的可持续发展空间。因此，规划通过多维度的功能复合，满足古镇的健康发展需求，对于不可再生的土地资源，集约土地以提高单位用地效益，打造职住平衡的古镇可持续空间，降低通勤排放，设定绿色建筑建设要求，提高整个镇区绿色建筑比例。

（二）产业的转型发展：发展"两型产业"

首先，根据朱仙镇现有条件，实现历史文化名镇和木板年画之乡的定位，需要整合诸多资源因素，协调诸多部门。对于经济欠发达地区而言，古镇实现工业化阶段向未来生态文明时期转型，需积极主动融入开封市整个区域环境，实现由"小城镇"向"城市经济"的转型。这意味着古镇产业由工业经济向服务经济转型。因此强调产业结构的退二进三的升级，达到经济与生态环境的双赢。强调发展资源节约和环境友好型的"两型产业"，绿色经济来替代传统粗放型经济。同时强调在未来发展过程中，经济增长、社会发展和环境保护的多方共赢，发展的最终目标是可持续的发展。

其次，在中原经济区建设中，朱仙镇加强与开封、郑州等周边地块互补对接，外拓发展一部分综合接待服务和相关的无污染产业，发展特色商贸业和传统年画手工业的产销研发，依托郑汴产业带，配合开封市文化改革发展试验区建设，引进和兴办创意企业。培育木版年画创意、仿古书印刷、工艺美术设计创意、书画创作、戏曲演出、影视拍摄服务、动漫七类文化创意产业，促进产业集聚，使朱仙镇成为郑汴产业带东端独具特色的文化创意产业集聚区、开封市文化产业发展示范区。

再次，古镇旅游业由观光型向观光休闲型转变，把休闲产业确定为朱仙镇文化旅游的核心产业。以古镇街巷和北方风格庭院为载体，以文化艺术休闲为主导，民俗文化休闲为主体，把休闲元素渗透进所有开发项目，打造"中原文化休闲古镇"。同时，传承朱仙镇商业文化，在有商业传统的街巷发展旅游商品购物业，把朱仙镇培育成河南省区域性旅游商品交易中心，旅游商品设计、生产基地。

（三）自然环境保护转型：以文化主导下的河道历史景观复兴

河道遗产廊道是集历史研究价值、生态环境价值、多元文化价值以及滨水游憩价值于一身的复合体系，是承载着自然价值和人文价值的有机整体。遗产廊道的构建是以协调人——文化遗产——生态环境三者之间的关系为目的，强调文化遗产与周边环境的融合，因此其生态价值主要体现在自然生态平衡和河流生态的修复两个方面。河道结合周边绿地环境可以对城市建设中对自然的破坏进行补偿。

贾鲁河河道作为古镇中重要的自然要素之一，是维持河流环境的多样性、物种多样性及生态系统平衡的重要元素。河道遗产廊道本身具有对城镇河道中出现的污染、渠化、干涸等问题的生态修复功能，促进河道恢复自然状态，湿地植物元素在造景的同时也能进行水体净化、涵养水源，保持河道生态系统的稳定性。

 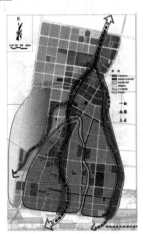

图 3-9　结合非物质文化的运粮河功能分区　　图 3-10　镇区风貌特色保护结构

贾鲁河古称呼"运粮河"，有大石桥为明朝所建，此外还有大桥和二桥。运粮河在镇区段长度为 2.1 千米，平均宽度 30 米。运粮河两侧还保留着朱仙镇传统尺度和建筑风貌。运粮河为城镇的自然生态和木版年画为主的历史文化展示区；功能定位以乡土民俗文化为核

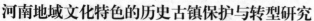

心，"水街"为特色，河流为生态主体，打造"年俗古镇、诗画运河"的意境（图 3-9、图 3-10）。恢复运粮河景观是朱仙镇古镇肌理和历史文化原真性保护的精华之处，更对改善地区生态环境，增加自然景观，具有重要的意义和综合效益。

（四）城镇风貌特色转型：魅力绽放、特色文化空间营造

挖掘营造城镇特色的地域要素。城镇形象是一座城镇性质、品质和文明度的外在表现，主要通过城镇的标志性建筑景观、名胜古迹、著名人物和历史事件、国内外有重要影响的知名品牌来表现，其中以城镇历史文化对城镇形象影响最大。朱仙镇积极利用城镇所在的特色地域空间，突出历史风貌、自然资源、地域文化的城镇特色营造要素。

首先，保护历史文化资源。保护传统空间和原真性，对于传统建筑、空间格局机理、古镇天际轮廓线进行维护。保护山水自然空间的完整性，塑造游憩空间，增加宜游性。其次，营造特色文化空间。特色文化空间是历史文化资源得以保存、延续和发展的承载空间。朱仙镇镇区特色文化空间有以下内容：运粮河文化空间分为自然风光体验区、滨河年画商业区等。古街巷文化空间：岳飞历史文化区、历史街巷休闲区、清真风情体验区等。同时打造古镇风情园、水上综合园区、古战场体验区等文化生态园。

（五）社会发展转型：和谐人居、居民共建、永续发展

自上世纪末，经济全球化深度影响，同时也带来世界范围内各民族各地区文化的"压缩"。全球化时代的"文化危机"，使得保护文化的地方性、民族性、多样性越来越重要，也越来越困难。在历史城镇生活的居民是历史城镇真正的主人，历史环境的破坏给他们巨大的失落感。生态文明导向应该强调公众参与环节，尊重当地居民的意见。

保护过程是否能够保证有切实的居民参与，居民是否有真正的话语权，是关系到保护规划成败的关键。保留古镇原住居民及其传统的"生产、生活、生态"状态并使之传承，是实现古镇旅游与社区可持续发展的根本。对于居民而言就是打造低碳、生态、可持续的人居发展模式。保护文化生活的可持续性，以当地居民世代相传的生活方式和民间文化为源泉，延续有特色的生活习俗和节庆活动等，从而实现地方性历史文化传统的保护和社会生活体系的完善，达到社会和谐发展的目标。

（六）"有机更新"转型：文化原真性和整体协调性

"有机更新"是指在不伤筋动骨的前提下，渐进的合理的修缮、更新活动。"有机更新"讲究适当规模、尺度适宜；需要处理当前和未来的关系。不断提高规划设计和规划质量，促使旧城的环境得到改善，真正做到保护与有机的更新。从整体到布局、从城市到建筑，就像一个生物体一样是有机关联的，现代化的城市建设必须顺应原有的城市布局，遵守古城内在的规律。首先需要保护古镇文化的原真性，古镇建筑的空间格局应该保持不变，保持传统与工艺的原真性和环境与文脉的真实性；二是要遵循古镇整体协调的原则。正确处理新旧古镇建筑问题。禁止乱搭乱建、拆旧建新、运用现代化装修建筑的行为，情节严重者要严惩不贷。其次，古镇中所有的建筑都应保持相同的风格，与周边的街、巷等相协调，做到点面线相结合。三是可读性原则。要承认不同时期留下的历史痕迹，不要按现代的想法去抹杀它，大片拆迁和大片重建的做法是不合适的。四是可持续性原则，如若想一朝一夕就恢复几百年上千年的面貌，必然是做表面文章。所以要改变观念，使保护古镇持之以恒。

第四章　河南神垕镇的保护与转型

第一节　神垕镇的发展现状

一、神垕古镇概况

（一）区位条件

禹州市神垕镇位于禹州、汝州、郏县三县市交界处，距离禹州市17公里，地理位置为东经113°13′，北纬34°7′，总土地面积49.1平方公里。神垕位于河南的几何中心附近，地理位置十分优越。在中原城市群中，神垕所在的许昌市是中原城市群"核心区"城市，与省会郑州毗邻，是郑州南大门，并处于几大核心城市的环抱中，可以借助周边城市产业和居民服务需求快速增加的良好机遇，抢先一步拓展服务业发展的地域空间。

神垕现有旅游专用一级公路连接禹州市（禹神快速通道），交通十分便利。更可以依托许昌市境内的南日高速、国道311线，纵贯南北的京珠高速、京广铁路、国道107线，及许平南、郑石等地方高速公路构建优越的对外联系交通网；并可就近与郑州共享新郑航空港。神垕区位交通优势明显，有利于历史文化旅游等服务业的发展。

（二）自然环境

1. 气候条件

神垕气候属暖温带季风气候区。环流影响较大，风向变化较为明显。一般情况是，冬春寒冷而多西北风，夏季炎热多东南风。最大风速 19 米／秒，平均风速 2.79 米／秒。主要风向东北风，其次是西北风。年平均气温 14.4℃左右，雨量偏少，年际之间差别大，年平均降雨量 705.3 毫米，冬春较旱，6—8 月为雨季。

2. 地形地貌

全镇包括镇区 8 个街道办事处及所辖的 12 个行政村，镇域东接鸿畅镇，南临郏县，西与磨街乡交界，北与文殊乡相连。神垕地处伏牛山浅山区，山峰连绵，丘陵起伏，均属箕山余脉。东有角子山、凤翅山；西有牛头山、凤阳山；南有大刘山；北有云盖山。镇中部为东西走向的乾明山，把全镇分为南北两个狭窄的盆地。整个地形为西北高、东南低，最高峰为大刘山，海拔 704.5 米，最低点位于镇区南端的肖河出境口，海拔 240 米，相对高差 464.5 米。

3. 资源条件

神垕属淮河流域。纵贯其中的河流主要有肖河、小青河，为季节性河流。小青河发源于牛头山下的青龙潭，镇内流程 4 公里，经鸿畅汇入兰河；肖河又名驺虞河，发源于大刘山之阴，相传明朝永乐二年获瑞兽驺虞于此，故名。肖河境内流程 7 公里，在镇东南流入郏县境。耕地多为山岗坡地，水利条件较差。境内有丰富的矿产资源，陶土储量 10 亿吨，煤炭 1.8 亿吨，石灰石 10 亿吨，铝矾土、紫砂石等矿产资源也有一定的储量。

（三）历史沿革

1. 名镇沿革

神垕镇历史悠久。早在夏、商时期这里就有人类居住，从事农耕和冶陶。自唐代出现钧瓷以来，神垕逐步发展成为中国北方陶瓷中心之一。宋时称神垕店，明代开始称神垕镇，属鸿畅都，清时属文风里。明清时期流行一首民谣："进入神垕山，七里长街观，七十二座窑，烟火遮住天，客商遍地走，日进斗金钱"，由此可见当时之繁华。

神垕早在明代万历年间就开始称镇，属鸿畅都凌锦里，清代归文风里管辖，民国初年仍属文风里，后来设神垕镇，界禹州、郏县、汝州之间，据《禹州志》载："州西南六十里乱石山中有镇曰神垕，有土焉可陶为瓷"。神垕是中国名镇之一，也是新中国成立后第一批建制镇。一九四七年十月曾建立过人民政府机构——神垕区，一九四八年十二月解放，成立神垕区人民政府，管辖神垕镇、方山、鸿畅、张湾、鸠山、磨街、文殊等地。一九四九年下半年分设神垕镇人民政府、区公所。一九六九年建立神垕镇人民公社，一九八一年七月经上级批准改名为神垕镇人民政府。

千余年的岁月变迁历程，悠久的陶瓷生产历史，形成了神垕镇厚重的历史文化和独具特色的人文景观。神垕镇的明清建筑古色古香，风格独特，窑神庙、花戏楼、灵泉寺、祖师庙、古寨墙、古民居、古商铺等等，遍布神垕镇区，散发着浓郁的地方民族文化气息，成为人们"发思古之幽情"的旅游景点（图4-1）。因此，神垕镇于2005年被评为中国第二批历史文化名镇名村，是河南省首批进入国家历史文化名镇名村的城镇。2007年神垕也被评为第二批河南省历史文化名镇名村。

图 4-1 神垕标志——火凤凰雕塑

图 4-2 后土皇地祇（图片来源《戴敦邦道教人物画集》）

2. 钧瓷简史

唐代（618—907）禹州市下白峪、苌庄相继烧制出黑、褐釉花瓷，为宋代钧瓷开了先声。

北宋时期（960—1121）神垕钧瓷有很大发展，钧瓷窑场星罗棋布，笼盔地、下白峪、刘庄、刘家沟、红石桥等地都是钧瓷产地。宋徽宗在禹州城的东北隅古钧台附近建官钧窑，为宫廷烧造贡瓷，故称钧台窑，钧瓷由此而得名。

南宋（1127—1279）初年，禹州为伪齐所占，宋皇室南迁，匠师失寓，钧窑受挫，钧台窑绝烧。绍兴年间，岳家军攻占河南，为宋高宗所疾，诏命岳飞班师。岳飞勒师十日护中州百姓南迁。钧窑匠师随之南迁者颇众。自此钧台窑绝艺失传，匠师四敦，钧窑技艺也随之播火全国。国内同业匠师常有称神后匠师为祖爷处来者盖由此因。

元延右七年（1320）常希重修伯灵翁庙，3年始成，此庙俗称"窑神庙"，始建无考。其时国内窑场中常有钧窑风格的制品，至此构成了体系庞大的"钧窑系"。

明代成化二十年（1484）官府在神垕设"督瓷贡委官"，当时垕镇耕读陶冶者千有余家。万历三年（1575）避神宗朱翊钧讳，改钧州为禹州。自此钧窑被封，技艺衰败。

清初，神后恢复原名神垕。光绪二十年（1894）神垕陶瓷艺人芦天福、芦天增、芦天恩继承父辈遗愿，历经艰辛，经过长期探索，终于试烧钧瓷成功，产品釉色为孔雀绿和碧蓝，少数产品工艺接近"宋钧"水平，自此，长期停产的钧瓷获得再生。

中华民国1914年，美国旧金山举办美国商品赛会，河南组织准备巴拿马赛会河南省出口商品协会，收集禹县钧瓷等土特产品100余种、1000余件参展。

1942年后因遭旱灾和日寇入侵学校停办，工厂停产。

1949年4月15日，豫西行署五分署派科员任坚回神重开办人民工厂，生产陶瓷，该厂即今地方国营瓷厂的前身。

新中国成立后，1953年12月，神垕陶瓷工人在政府扶持下建立陶瓷生产互助组，同年陶瓷生产互助组发展成为禹县神垕瓷窑工业生产合作社，该社后来演变为禹州市钧瓷一厂。

2001年，下白峪宋代古窑址（图4-3）被北京大学与河南省文物考古研究所联合发掘，被学术界定为当年十大考古发现之一，其窑址群被纳入全国重点文物保护单位，有极高的历史科学价值。堪称国宝神奇的钧瓷，其独特的烧制技艺，入选国家第二批非物质文化遗产名录。

图 4-3　神垕古钧窑遗址

（四）社会经济

神垕全镇辖 12 个行政村，8 个居委会，87 个基层村，总面积 49.15 平方公里。目前神垕镇有居民总人口约 45000 人，其中，镇区常住人口 32000 人，农村人口 26600 人。

神垕镇经济比较发达。截至 2010 年底，全镇工业总产值完成 39.06 亿元，镇级财政收入 4221.6 万元。现已成为许昌市、禹州市两级政府确定的工业重镇、经济强镇、"中州名镇"，先后荣获"全国农村 100 个小城镇经济开发试点镇"、"河南省改革发展建设综合试点镇"、"禹州市发展个体私营企业试验区"、"中国历史文化名镇"、"中国钧瓷之都"、"全国文明村镇"、"全国小城镇建设示范镇"、"全国小城镇建设重点镇"、"河南省特色产业镇"等荣誉称号。

（五）历史文化及自然景观资源

1. 现有文物古迹

悠久的历史给神垕镇留下了极其丰富的文物古迹。目前，神垕镇有全国重点文物保护单位 1 处、省级文物保护单位 15 处，市县级保护单位 2 处，各种古寺庙、古民居、古祠堂等 50 余处，大多数分布于老街。根据历史文化保护的国内外相关法律法规文件，将本规划中的一些相关概念关系梳理如图 4-4。

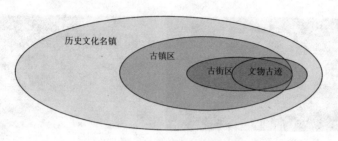

图4-4　概念范畴关系

　　根据神垕镇的具体情况，将镇域内所有历史文物资源分为古镇——古街道——文物古迹三个层次，可以完好地体现神垕作为历史文化名镇的历史积淀和深厚底蕴。

　　（1）古镇区

　　作为历史文化名镇，神垕镇历史非常悠久，早在夏商时期，这里的先民就从事农耕和冶陶。宋代成为北方陶瓷中心。明成化年间的《神垕真武庙碑记》记载，当时"神垕之镇耕读冶者千家"，遂成七里长街。清代以后，依然是"日进斗金"之地。辉煌的历史，为神垕保留了丰富的文物古迹资源，这些文物古迹从整体上较为完好的构成了神垕千年古镇的风貌。神垕古镇是我国类似古镇中整体古镇区保存较为完好的，镇区内建筑布局合理，整体为东西走向（北寨街为南北走向），自东向西重点建筑依次有温家大院、霍家院、白家院、伯灵翁庙、望嵩门、驷虞桥、天保寨、文庙、老君庙、白衣堂，古代政府机关、商会、民团、文化、祭祀等场所都设于此。流传民谣说："进入神垕山，十里长街观，七十二座窑，烟火遮住天，客商遍地走，日进斗金钱"。历史上曾因陶瓷兴盛、钧瓷御用而"神垕"地名被四次皇封，厚重的钧瓷文化孕育了神垕镇。神垕古镇内名胜古迹众多，灵泉寺、花戏楼、祖师庙、邓禹寨、钧窑遗址等不胜枚举，深厚的历史文化积淀使神垕的人文景观、旅游资源独具特色，早在1979年就被河南省确定为十八条旅游线路之一（图4-5）。

图 4-5　古镇区现状照片

（2）古街道

　　神垕古镇的核心是神垕老街。老街既是文物遗迹最为密集的地区，也是神垕镇历史文化的中心。神垕老街位于神垕中心镇区，俗称"七里长街"，原是由肖河（驺虞河）两岸的二道街、高老庄、朱园沟、茶叶沟、老窑坡 5 个古老村庄连片而成的。唐宋以来随着陶瓷业的兴盛，许多富商大贾在此置田、建宅、经商，使五个村庄逐渐连成一片，形成了初具规模的神垕镇，老街由东、西、南、北四座古寨构成，从东到西有东大街、西大街、白衣堂街、红石桥街、关爷庙街等街道，全长 3.5 公里，状如一只巨大的蝎子。老街是随着神垕瓷业的发展形成的，特点是狭窄，街面店铺高低不一，路面用青石板铺就，道路两侧店铺林立，古民居依地势而建，炮楼、古民居、庙宇鳞次栉比。老街两边还有许多胡同，都是交通便道，如"霍家胡同"、"鸡蛋胡同"、

"文家拐"等。老街到处渗透着丰厚的历史文化，也是神垕经济自古繁荣的见证。

目前，神垕老街比较完好地保存了清末以前的老街道，如东大街、老大街、西大街、白衣堂街、北寨街、祠堂街、红石桥街、杨家楼街，总长度约3.5公里。其间的建筑群、建筑物和许多有价值的建筑细部，乃至周边环境基本上都做到了原貌保存。

神垕老街由5座古寨和红石桥、关爷庙两个行政街道组成。肖河（驺虞河）从西向东穿过老街，驺虞桥连接着东西两个寨。老街有多座寨门，寨墙高大坚固，而且都有炮楼，古时主要用作军事防御和抵挡匪患，防范洪灾。每个寨子都有一个文雅的名字，如东寨为"望嵩"，西寨为"天保"等，而且和城门一样，用青石丹书镶嵌在寨门之上。同时，每个寨子都有不少传统建筑和富有地方特色的民宅、胡同。

神垕老街建筑沿街两侧布置，景观独特，建筑类型十分丰富，主要建筑包括宗教建筑、民居建筑、特色市场和店铺等（图4-6）。其中，主要宗教建筑有伯灵翁庙、关帝庙、文庙、老君庙、白衣堂等；主要明清民居有白家院、温家院、霍家院、王家院、辛家院等。此外，还有钧瓷一条街、古玩市场、望嵩门、驺虞桥、天保寨、邓禹寨等其他建筑或设施。

图 4-6　古街区现状照片

（3）文物古迹

神垕镇拥有各种古寺庙、古民居、古祠堂等 50 余处文物遗迹。各类文物保存情况不一，有些保存完好，有些已经拆除。根据文物的特点和用途，大致将其分为历史建筑、庙宇祠堂、商号官署、古民居、近现代文化、宗教信仰、名木古树和历史遗迹等 8 大类。

全部文物古迹中，最核心的部分是挂牌的各级文物保护单位。目前已经挂牌的重点文物保护单位有全国重点文物保护单位 1 处、省级文物保护单位 15 处，市县级保护单位 2 处（表 4-1）。

表 4-1　神垕镇文物保护单位

文物保护等级	文物
全国	古窑遗址
省级	伯灵翁庙、陶瓷官署、望嵩寨、天保寨、神垕盐号（清代官办盐店旧址，辛家院）、温家大院、白家大院、李干卿故居、温化远宅院、张涌泉故居、宋家院、王家院、"义兴公"商号、"义泰昌"商号、中共禹郏县委旧址
市县级	祖师庙、白果树（千年银杏）

（4）古镇意象

美国著名城市规划专家凯文林奇在《城市意象》一书中阐明了城市意象的概念。根据城市意向，城市是可以阅读的。林奇所关注的是城市的视觉品质。边界、道路、区域、节点、标志是城市的五大要素。

要在传统城市里不再使人产生疏离感，就必须着重对地域重新做好具体而实际的把握，将一种可以操作的信号系统重新组织起来，让他们在人们的记忆中生根，使个体能够依据新的信号系统在变动不定的环境中重新寻找到自我。神垕镇作为千年古镇，那些各种具体的历史风韵的建筑和景观，在人们脑海中形成古镇的最直观的印象。根据实地调研和分析，可以得出神垕镇得五类城市意向要素，分别如下。

节点：驺虞桥连接着东西两个寨，望嵩寨和天保寨，这一区域形成了神垕古镇的最主要节点，给人强烈的古镇意象，形成古镇最核心的个性标识。

道路：东大街是最重要的道路，漫步东大街，给人最直观和最强烈的历史感。其次是西大街，再次是建设路钧瓷一条街和古玩一条街。古镇的历史意象，就通过这些街巷的要素反映出来。

地标：望嵩寨和天保寨是第一级的地标，给步入老街的人首当其冲的印象。东大街的伯灵翁庙则通过特色建筑花戏楼，成为了古镇印象的次一级的地标。

区域：东大街的文物古迹保存最为完好，历史建筑整体风貌保存完整，是核心区域，给人留下最深刻的古镇印象。其次是西大街的片区，同样有相当多的历史文物古迹和古建筑，但整体古街风貌和韵味稍逊于东大街。而钧瓷一条街则主要通过传承古镇历史的钧瓷展现出古镇的韵味。

边界：肖河是古寨当年的天然屏障。如今沿河残存的望嵩寨寨墙，形成了古镇意象的显著边界，是古镇的重要脉络。

神垕镇的历史文化名镇保护和开发工作，将在古镇城市意象的基础上展开（图4-7）。

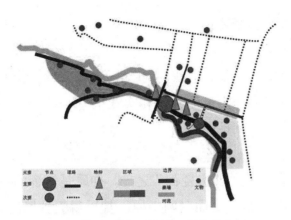

图 4-7 神垕镇古镇区城市意象图

图 4-8 神垕景观鸟瞰

2.非物质文化资源

《保护非物质文化遗产公约》给"非物质文化遗产"所下的定义是："指被各群体、团体、有时为个人视为其文化遗产的各种实践、表演、表现形式、知识和技能，及其有关的工具、实物、工艺品和文化场所。各个群体和团体随着其所处环境、与自然界的相互关系和历史条件的变化，不断使这种代代相传的非物质文化遗产得到创新，同时使他们自己具有一种认同感和历史感，从而促进了文化多样性和人类创造力。"它包括：

a. 口头传统和表述；

 b. 表演艺术；

 c. 社会风俗、礼仪、节庆；

 d. 有关自然界和宇宙的知识和实践；

 e. 传统的手工艺技能。

（1）钧瓷

禹州为中国古代"四大瓷都"之一，神垕是钧瓷的主产地，因煤、瓷土、釉土资源蕴藏丰富而名闻中原。神垕得天独厚的自然和物质条件，促进了神垕陶瓷生产与商贸经济的发展，加之钧釉开陶瓷铜红釉的先河，更有窑变"入窑一色，出窑万彩"之特色，所以有"家有万贯，不抵钧瓷一片"的珍贵价值（图4-9、图4-10）。神垕钧瓷的生产，经北京大学考古文博院2000年9月对位于下白峪、刘家门一带的神垕钧窑遗址考古发掘证明，始于唐代，盛于宋。目前，神垕钧瓷注册生产厂家83家，其中孔家钧窑、荣昌钧窑、苗家钧窑、金堂钧窑等已成为规模、档次较高的大型企业。各种类型的钧瓷生产单位，大大小小、高高低低的烟囱，构成了神垕独特的景观。钧瓷之乡神垕还培养孕育了一大批钧瓷工艺美术大师，出生于神垕的钧瓷大师主要有卢广东、王凤熹、郗杰等。当代的有中国工艺美术大师刘富安、孔相卿、杨志；中国陶瓷工艺大师、河南第一位工艺美术终身成就奖获得者晋佩章；中国民协陶瓷协会主任阎夫立；以及一大批河南工艺美术大师等钧瓷大师。正是这些大师们的传承，钧瓷烧制技艺得以成为第三批国家非物质文化遗产。其中，中国工艺美术大师杨志荣获河南省首批非物质文化遗产钧瓷烧制技艺代表性传承人，也是第三批全国非物质文化遗产项目禹州钧瓷烧制技艺项目的代表性传承人。

（2）风物民俗

神垕镇因历史上有外委官吏驻守，经济富足而注重教育。依制建有孔庙，每春秋丁祭，附近诸生举行。明清科举，考中有布政使司、教谕诸官员。深厚的历史底蕴，蕴含着多彩的民俗文化。

图4-9　神垕钧瓷艺术

图4-10　神垕特色建筑钧瓷碎片砌成的围墙

①民间小吃

地方特色传统小吃在上坡口一带，有火烧夹牛肉、烩羊肉、油酥火烧、盛茂祥的糕点等。古镇的中心有一条小巷为小吃一条街，容纳有几十种民间小吃的摊位（图4-11）。比较有名的有小丢儿的烫面油馍、张得海的小火炖豆腐、王喜成的卤肉、李富来的炕锅盔、冉老三的杂炣汤、吴建塘的烫四角、裴勇的油茶、南桥胡辣汤、崔家的蒸馍、岱家的罗米汤。坐在街上吃着可口的小吃，听着说书人的评书，品着一把泥的唱腔，能切身感受到民俗文化的丰富内涵和深厚底蕴。

图4-11　神垕镇的特色小吃商铺

②宗教、庙会等活动

神垕历史上经济发达，致使这里寺庙道观众多，宗教活动频繁。至今仍然有二三十处佛教、道教等宗教活动场所，民间信徒很多，宗教活动不断。神垕的庙会也很多，较大的有行政街庙会、祖师庙庙会等。庙会期间，周边县乡百姓纷至沓来，人潮如涌，买卖兴隆。庙会早已成为促进地方经贸交流和社会发展的一项经济文化活动。表4-2为神垕全年庙会汇总。

表4-2　神垕全年庙会汇总

正月十六	神垕镇大街庙会	五月十三	关爷庙会
二月二	土地庙会	六月六	大庙会
三月三	龙泉寺庙会	六月二十八	大庙会
三月初十	中王庙会	七月十五	吴道庙会
三月二十八	泰山庙会	八月十五	大庙会
四月八日	小麦会长春观庙会	十月十日	中王爷庙会
五月五日	端阳节大庙会	十一月二十八	关爷庙会

③民间文艺

神垕民间文艺有剪纸、烙画、皮影戏、高跷、旱船、龙灯、舞狮、大响等，每逢节庆，则由各行业筹资聘请河南地方剧种的梆子、曲子、越调等剧团演出，其中当地各窑场自供自演的"一把泥"（窑工）剧团演艺及行头最好，也最著名。而铜器舞是非常具有地域色彩的民间舞蹈，是我国民间艺苑的一枝奇葩。据专家考证，铜器乐谱是在夏商时代的青铜器文化遗产，具有极高的文化研究价值，是一种珍贵的古典交响乐。民间舞蹈绝大多数源于巫术与宗教祭祀活动，铜器舞也属于一种祈求老天降雨的祭祀仪式。求雨时，群众常常把铜器般出来摆在街上敲打，以祈求老天会"开恩"降雨。这种形式随着历史逐渐演变，由简单的敲打铜器发展为后来的"铜器舞"，并成为了人们娱乐和欢庆丰收的一种方式，每逢民间集会或过年过节，当地群众便以舞助兴，深受群众喜爱和欢迎。"铜器舞"表演场面宏大，一般由50人组成，表演时配有乐谱（又称曲牌），节奏时快时慢，悦耳动听。表演技巧以肘子鼓为引导，乐手们有规律地踩着鼓点来回起舞。其舞蹈风格以原始、阳刚、质朴为主，兼有活泼多变，至今仍能从其幻变的舞姿中探求古已有之的祭祀形式。发掘和保护铜器舞，对研究历史文化的变迁，丰富发展民间舞蹈等有着巨大的作用。

④民间传说

唐宋以来的灿烂钧瓷文化，使神垕中外驰名，与此同时，许多古典传说也为古镇增添了神秘色彩和历史文化亮点。历史上汉高帝略地赏猎于大刘山；汉光武帝在神垕境内的传奇遗迹；汉将邓瑜在这里屯兵打仗、智退敌兵的故事；李自成起义军兵驻神垕；清代捻军两次攻克神垕；抗日战争时期，闻名豫西的神郏抗日根据地和壮烈的乾鸣山保卫战；钧瓷职业学校；地下党组织斗争经历，历代窑民不屈不挠的罢工斗争；更有那历经沧桑的伯灵翁庙和神奇的"金火圣母"等神话传说。

神垕的民间传说不仅是其深厚历史底蕴的体现，同时也在很大程度上反映了其钧瓷发展的历史。这些民间传说是宝贵的财富、重要的非物质文化遗产，是神垕陶瓷文化积淀的重要载体，对于神垕建设历史文化名镇具有重要意义。

根据联合国教科教文组织《保护非物质文化遗产公约》的规定，将口头传说，包括作为其载体的语言也纳入了保护范围，也就是说百姓口中传说、用来传诵的方言都有可能被列为非物质文化遗产。我国一些省市非常重视对于民间传说的申遗和保护工作。如浙江省白蛇传、梁祝传等说，安徽省的垓下民间传说已被列为全国非物质文化遗产。而在河南省，许多重要的民间传说这类文化遗产在历史文化保护工作中却没有得到相应的重视。

（3）市场集市

①钧瓷一条街：位于神垕老街中心——行政街，是神垕的繁华地段（图4-12）。街道两旁店铺林立，行业齐全。每家店铺都高门台，宽敞门面，生意兴隆。这些店铺与北京城的一样，都有自己的字号，如仁和义、义泰长、裕兴公等，不仅有兴隆和气生财之意，更有一定的文化含义。这些店铺中，除少部分经营吃、穿、用等生活用品外，大多是陶瓷商户，经营着景德镇、宜兴等全国各地和当地的瓷器。钧瓷、陶瓷商户聚集于此，使之成为辐射全省乃至全国的钧陶瓷集散地。每逢庙会，这里人山人海，热闹非凡，又成了周边县乡的贸易交易中心。

图4-12　钧瓷一条街

②古玩市场：位于西寨街。古玩市场创建于2001年，每逢周二、三开市，到时一街两行，摆满了仿古陶瓷、铜器、玉器、钱币、像章、古书、字画等等，招来全国各地古玩商客及众多爱好者。一进入市场，可见摊位上珍品陈列，琳琅满目，街上生意兴隆，人如潮涌。目前，

这一条生产、销售仿古陶瓷的专业街道，已经成为远近闻名的古玩市场，为神垕镇增添了古色古香的色彩。

3. 自然景观资源

（1）灵泉寺景区

灵泉寺风景区位于神垕镇东 800 米的凤翅山南麓，建于东汉，历经千年风雨，香火不断，现存有古殿建筑遗址、灵泉和千年银杏。2000 年，灵泉和银杏树被许昌市人民政府定为"市级文物保护单位"。

进入神垕镇牌楼往北，一条宽阔的水泥大道直通灵泉风景区，这里地理位置独特，其建筑巧夺天工、妙合山势，依山傍水。一座建于东汉年间的灵泉寺，正好坐落在二龙戏珠山脚下，寺前一棵千年银杏树，一条潺潺溪水环流寺院，溪上一座石拱小桥，旁边一座亭子，举目望去，溪水、小桥、亭子、古树、寺院构成一幅美景图画，充满诗情画意。这里除建筑结构独特的灵泉寺，更有四大景致奇观。

（2）瓷乡森林公园（大刘山）

大刘山森林公园位于神垕西部，总面积 3000 亩，其中原始次生林面积 2000 千亩，树种多，树龄长，植被密，长势旺，是许昌境内面积最大、保存最好的一片原始次生林，是神垕的天然氧吧。大刘山山势险峻，主峰海拔 800 米。原始次生林植被茂密，主要树种有青岗栗、马尾松、山楂、刺槐等植物 100 多种，其主要树种的树龄均在百年以上。沿小径拾级而上，满目所见，都是苍翠蓊郁的树木，人在林间穿行，道路昏暗，晨夕难辨，即便是中午，林间也难得见日光。每当春天到来，树木萌发，嫩芽从枯枝中探出头，整个树林仿佛换了一身新装，嫩绿微黄在黑色枝干及老叶墨绿的映衬下显得格外鲜活亮丽；春夏之交，各种花次第开放，又把整个公园装扮得妩媚动人。诱人的槐花香在林间充溢流动，沁人心脾。尤其是到了秋季，山楂成熟，红艳挂满枝头，在青、绿、黄的叶子间若隐若现，随手摘来品尝，那酸甜味直透进心腹中。当然，不怕树高坡陡，也可以采到喃香的松子以饱口福。

（3）乾鸣山景区

乾鸣山东西走向，长不足两公里，却似一头雄狮横卧，尽显英俊威武之气；其主峰南坡青松翠柏之中有一古建——祖师庙，乃信民们依武当山祖师庙而建，故有"小武当"之称。据现存大明成化、正德和弘治年间碑刻记载，当时历史已逾千年，虽经沧桑，但至今风骨犹存，且部分建筑已恢复原样。整座庙宇气势宏大，构造精巧，不愧为中国道教文化建筑经典之作。建筑自下而上，呈阶梯状，中有石阶甬道，直通山顶天爷阁；披晨雾拾级而上，恍惚已穿越时空隧道置身前朝，又仿佛是登上天梯进入仙景，其境妙哉。穿过天爷阁，极目远眺，见山丘连绵，阡陌相通，大小村舍散落其间，忽有大珠小珠落玉盘之快感；又偶听鸡犬之声，便更疑惑，莫非进入桃花园中，深吸一口山顶灵气，顿觉顶灌醍醐，浑身每个毛孔似飘飘欲仙。回首俯瞰镇区全貌，小镇依山而建，布局合理，高低建筑错落有致，今中蕴古，古中藏今，今古相通，古今相融，极具地方文化特色；街市客商接踵往来，车马川流不息，好一派繁荣昌盛的盛世景象。

乾鸣山海拔不高，却地势险要，是神垕镇区北之屏障，这里曾发生过神垕历史上规模空前的激烈战斗——乾鸣山保卫战，面对数十倍于自己的日寇和伪军，我八路军将士机智勇敢，灵活作战，最终大获全胜。神垕人民为缅怀英魂，在祖师庙东侧建立烈士陵园，安葬了为神垕解放事业而英勇牺牲的勇士们，世代拜祭，以慰英雄在天之灵。

二、神垕古镇特色价值评价

（一）文物古迹分类

1. 文物保护等级分类

根据之前的汇总，大致汇总了50处各类文物资源，包括现存完好的和已经拆除（可作为遗迹继续保护和开发）的。其中全国的文物保护单位有 1 处，省级有 15 处，市县级 2 处。图 4-13 为神垕古镇文物保护等级示意图。

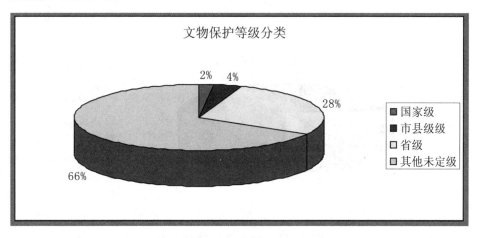

文物保护等级分类

2%　4%

28%

66%

■ 国家级
■ 市县级级
□ 省级
■ 其他未定级

图 4-13　文物保护等级

根据饼状图可以看出，大多数的文物遗迹并没有定级。这是下一步文物保护工作需要注意的问题，努力继续申报，争取更多的文物遗迹能够定级，进行挂牌保护。

2. 使用功能分类

根据文物遗迹当时的使用功能，大致将所有的文物遗迹分为历史建筑、庙宇祠堂、商号官署、古民居、近现代文化、宗教信仰、自然景观、和考古遗迹共 8 大类。图 4-14 为神垕古镇文物使用功能分类示意图。

根据饼状图，可以看出古民居和庙宇祠堂占了相当的比例。这充分反映了古镇的宗教文化比较丰富。

3. 文物保存现状分类

根据实地考察和资料整理，将所有的文物古迹的保存现状大致分为四大类。较好：保存较好，个别部分残缺。一般：一定程度损毁。被拆：已不存在。重建：翻新或重修。图 4-15 为神垕古镇文物保存现状分类示意图。

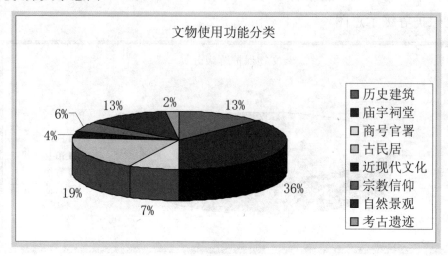

图 4-14　文物使用功能分类

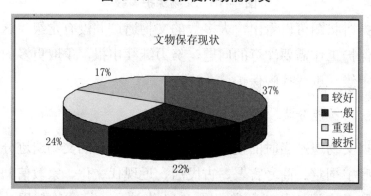

图 4-15　文物保存现状

根据饼状图，可以看出，将近半数的文物遗迹保存较好。但是也有相当比例的文物已经被拆。

4. 文物始建年代分类

神垕具有悠久的历史。各类文物始建于各个不同的年代，大致将其始建年代分为近现代、清代、明代、明以前以及其他几类。图 4-16 为神垕古镇、文物始年代分类示意图。

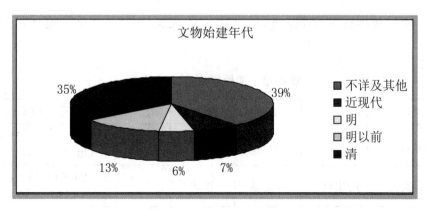

图4-16　文物始建年代

从饼状图可以看出，将近半数的文物古迹始建于明清代，其中多数为清代，可以看出神垕古镇整体历史风貌为清代古镇的特点。

（二）文物价值评定

1. 价值评定

根据一般的历史文化名镇保护规划的惯例，对文物古迹及古建筑、石刻价值评定：用多因子综合评定法，对神垕镇内文物遗存进行价值评定，并在此基础上，确定各文物保护等级，以便制定有效的保护措施。

文物价值共有三大类，共17项价值。

情感价值：（1）新奇感；（2）认同感；（3）历史延续性；（4）象征性；（5）宗教崇拜。

文化价值：（6）文献价值；（7）历史价值；（8）考古价值；（9）审美价值；（10）建筑价值；（11）人类学价值；（12）景观和生态价值；（13）科学与技术价值；（14）功能价值。

使用价值：（15）经济价值；（16）社会价值；（17）政治价值。

因为此价值评定系统的指标，主要是依据现存文物的价值来设计。故只对现存文物进行价值评定。各类文物的特点及价值评定如下表 4-3 所示。

表 4-3 神垕镇现存文物价值

文物名称	分类	保护等级	保护现状	始建年代	现存文物价值
望嵩寨	历史建筑	省级	一般	清	(2)(3)(4)(7)(8)(10)11)(14)(16)
驺虞桥	历史建筑	未定级	重建	明	(2)(4)(7)(10)(11)(14)
文昌阁	历史建筑	未定级	被拆	清	
贞节牌坊	历史建筑	未定级	被拆	明	
迎风阁	历史建筑	未定级	被拆	清	
邓禹寨	历史建筑	未定级	被拆	清	
天保寨	历史建筑	省级	一般	清	(2)(3)(4)(7)(8)(10)(11)(14)(16)
伯灵翁庙	庙宇祠堂	省级	较好	宋	(1)(2)(3)(4)(6)(7)(8)(16)(11)(12)(14)(10)
关帝庙1	庙宇祠堂	未定级	被拆		
苗家祠堂	庙宇祠堂	未定级	较好	近代	(2)(3)(4)(5)(7)(11)
二郎台庙	庙宇祠堂	未定级	重建	不详	(3)(5)(7)(12)(14)(16)
白衣堂庙	庙宇祠堂	未定级	重建	不详	(3)(5)(7)(12)(14)(16)
老君庙	庙宇祠堂	未定级	重建	不详	(3)(5)(7)(12)(14)(16)
文庙	庙宇祠堂	未定级	被拆	不详	
关帝庙2	庙宇祠堂	未定级	重建	不详	(3)(5)(7)(14)(16)
中王庙	庙宇祠堂	未定级	重建	不详	

续表

文物名称	分类	保护等级	保护现状	始建年代	现存文物价值
祖师庙	庙宇祠堂	市级	较好	唐	（3）（5）（7）（10）（12）（14）（16）
灵泉寺	庙宇祠堂	未定级	重建	汉	（3）（5）（7）（12）（14）（16）
长春观	庙宇祠堂	未定级	一般	不详	（3）（5）（7）（10）（12）（14）（16）
泰山庙	庙宇祠堂	未定级	被拆	不详	（3）（5）（7）（10）（12）（14）（16）
西寺	庙宇祠堂	未定级	被拆	不详	
山神庙（2座）	庙宇祠堂	未定级	重建	明	（3）（5）（7）（12）（14）（16）
白虎庙	庙宇祠堂	未定级	重建	东汉	（3）（5）（7）（12）（14）（16）
三公主庙	庙宇祠堂	未定级	一般	不详	（3）（5）（7）（12）（14）（16）
火神庙	庙宇祠堂	未定级	被拆	不详	
吕仙洞	庙宇祠堂	未定级	重建	不详	（3）（5）（7）（10）（12）（14）（16）
海南大士庙	庙宇祠堂	未定级	一般	不详	（3）（5）（7）（12）（14）（16）
"义兴公"商号	商号官署	省级	较好	清	（4）（7）（8）（10）（14）（16）
"义泰昌"商号	商号官署	省级	较好	清	（4）（7）（8）（10）（14）（16）
陶瓷官署	商号官署	省级	较好	清	（3）（4）（6）（7）（8）（10）（14）（16）
神垕盐号（清代官办盐店旧址，辛家院）	商号官署	省级	较好	清	（4）（6）（7）（8）（10）（14）（16）

续表

文物名称	分类	保护等级	保护现状	始建年代	现存文物价值
温家大院	古民居	省级	较好	清	(3)(7)(8)(10)(11)(14)(16)
白家大院	古民居	省级	较好	清	(3)(7)(8)(10)(11)(14)(16)
李干卿故居	古民居	省级	较好	清	(3)(7)(8)(10)(11)(14)(16)
温化远宅院	古民居	省级	较好	清	(3)(7)(8)(10)(11)(14)(16)
张涌泉故居	古民居	省级	较好	清	(3)(7)(8)(10)(11)(14)(16)
宋家院	古民居	省级	较好	清	(3)(7)(8)(10)(11)(14)(16)
王家院	古民居	省级	较好	清	(3)(7)(8)(10)(11)(14)(16)
寡妇院	古民居	未定级	较好	清	(3)(7)(8)(10)(11)(14)(16)
转角楼	古民居	未定级	较好	清	(3)(7)(8)(10)(11)(14)(16)
邓禹楼（现杨家楼）	古民居	未定级	较好	东汉	(3)(7)(8)(10)(11)(14)(16)
人民影院	近现代文化	未定级	一般	现代	(4)(6)(7)
中共禹郏县委旧址	近现代文化	省级	较好	清	(4)(6)(7)(10)(14)(17)
基督教堂	宗教信仰	未定级	重建	近代	(4)(7)(5)(14)(16)
清真寺	宗教信仰	未定级	被拆	近代	(4)(7)(5)(14)(16)
福音堂	宗教信仰	未定级	重建	近代	(4)(7)(5)(14)(16)

续表

文物名称	分类	保护等级	保护现状	始建年代	现存文物价值
白果树（千年银杏）	自然景观	市级，省级重点保护树种	较好	东晋	（1）（7）（8）（9）（12）
吃人石	自然景观	未定级	一般	不详	（1）（9）（12）
黑龙池	自然景观	未定级	一般	不详	（1）（9）（12）
黄龙洞	自然景观	未定级	一般	不详	（1）（9）（12）
蛤蟆洼	自然景观	未定级	一般	不详	（1）（9）（12）
擂鼓石	自然景观	未定级	一般	不详	（1）（9）（12）
八仙桌	自然景观	未定级	一般	不详	（1）（9）（12）
古窑遗址	考古遗迹	全国	较好	唐	（2）（3）（4）（6）（7）（8）（11）（16）

2. 评价体系及分值

为了更全面、更准确地对所有的文物遗迹进行评价和分类，以便进行分类保护，规划引用了三维评分的评价体系。

三个评分的三维散点图如图4-17所示。

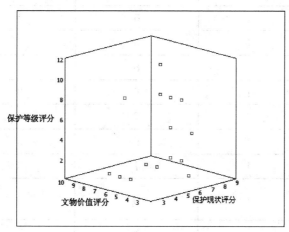

图4-17　三维散点图评分系统

对于各项文物，从三个方面进行评分。首先是保护等级打分，满分为10分。全国的文物保护单位为10分，省级为7分，市县级为4分，其他为1分。其次是文物价值打分，参见文物价值的17项评价指标，满分为17分，每项文物具有几个价值就得几分。然后是保护现状的评分，满分为10分。保护较好的文物评分为8分，一般的为6分，重建为3分，被拆的为0分。因为在上面的对文物价值评价的时候，没有对已经不存在的文物遗迹进行评价，故这里仅对现存的文物古迹进行打分评判，如表4-4所示。

表4-4　神垕镇现存古镇的打分评判

文物名称	保护等级评分	文物价值评分	保护现状评分	总分
望嵩寨	7	9	6	22
驹虞桥	1	6	3	10
天保寨	7	9	6	22
伯灵翁庙	7	8	8	23
苗家祠堂	1	6	8	15
二郎台庙	1	6	3	10
白衣堂庙	1	6	3	10
老君庙	1	6	3	10
关帝庙2	1	6	3	10
中王庙	1	6	3	10
祖师庙	4	7	8	19
灵泉寺	1	6	3	10
长春观	1	7	6	14
山神庙（2座）	1	6	3	10
白虎庙	1	6	3	10
三公主庙	1	6	6	13

续表

文物名称	保护等级评分	文物价值评分	保护现状评分	总分
吕仙洞	1	7	3	11
海南大士庙	1	6	6	13
"义兴公"商号	7	6	8	21
"义泰昌"商号	7	6	8	21
陶瓷官署	7	8	8	23
神垕盐号（清代官办盐店旧址，辛家院）	7	7	8	22
温家大院	7	7	8	22
白家大院	7	7	8	22
李干卿故居	7	7	8	22
温化远宅院	7	7	8	22
张涌泉故居	7	7	8	22
宋家院	7	7	8	22
王家院	7	7	8	22
寡妇院	1	7	8	16
转角楼	1	7	8	16
邓禹楼（现杨家楼）	1	7	8	16
人民影院	1	3	6	10
中共禹郏县委旧址	7	6	8	21
基督教堂	1	5	3	9
福音堂	1	5	3	9
白果树（千年银杏）	4	5	8	17

续表

文物名称	保护等级评分	文物价值评分	保护现状评分	总分
吃人石	1	3	6	10
黑龙池	1	3	6	10
黄龙洞	1	3	6	10
蛤蟆洼	1	3	6	10
擂鼓石	1	3	6	10
八仙桌	1	3	6	10
古窑遗址	10	8	8	26

然后按照从高到低的顺序对现存文物进行排序（表4-5），大于等于15分的为重点保护文物，主要是各级文物保护单位，以及部分保存较好，具有较高价值的文物。低于15分的为一般保护文物，主要为未定级并且价值有限的文物。其他的是文物遗迹，是那些已经被拆不存在的文物。这类已经被拆的文物，虽然已经不存在，但是在将来可以对其遗址进行保护和开发，也可就地或在别的地方重新修建。故此类被拆文物依然具有一定的历史文化价值。这样把所有的文物遗迹分为了三大类：重点保护文物、一般保护文物和遗迹。在进行历史文化名镇保护时，可以分类进行保护，以重点保护文物为核心，兼顾一般保护文物，并对遗迹进行再造或开发。分级保护的核心是差别化、个性化保护管理，并且从整体上构建完整而有层次性的文物保护体系。

表4-5　文物古迹的分级保护

重点保护文物	古窑遗址	全国	26
	伯灵翁庙	省级	23
	陶瓷官署	省级	23
	望嵩寨	省级	22
	天保寨	省级	22
	神垕盐号（清代官办盐店旧址，辛家院）	省级	22

续表

	温家大院	省级	22
	白家大院	省级	22
	李干卿故居	省级	22
	温化远宅院	省级	22
	张涌泉故居	省级	22
	宋家院	省级	22
	王家院	省级	22
	"义兴公"商号	省级	21
	"义泰昌"商号	省级	21
	中共禹郏县委旧址	省级	21
	祖师庙	市级	19
	白果树（千年银杏）	市级	17
	寡妇院	未定级	16
	转角楼	未定级	16
	邓禹楼（现杨家楼）	未定级	16
	苗家祠堂	未定级	15
一般保护文物	长春观	未定级	14
	三公主庙	未定级	13
	海南大士庙	未定级	13
	吕仙洞	未定级	11
	驺虞桥	未定级	10
	二郎台庙	未定级	10
	白衣堂庙	未定级	10
	老君庙	未定级	10
	关帝庙2	未定级	10
	中王庙	未定级	10
	灵泉寺	未定级	10

续表

山神庙（2座）	未定级	10
白虎庙	未定级	10
人民影院	未定级	10
吃人石	未定级	10
黑龙池	未定级	10
黄龙洞	未定级	10
蛤蟆洼	未定级	10
擂鼓石	未定级	10
八仙桌	未定级	10
基督教堂	未定级	9
清真寺	未定级	9
福音堂	未定级	9
文物遗迹（已不存在） 文昌阁		–
贞节牌坊		–
迎风阁		–
邓禹寨		–
关帝庙		–
文庙		–
泰山庙		–
西寺		–
火神庙		–
清真寺		—

（三）价值特色整体评价

通过以上评价体系对神垕古镇的评价，概括神垕镇有以下价值特色。

1. 重要的文物和建筑价值

建筑是组成城市的最主要的物质元素，也是表现城市特色的最重要的要素。神垕镇具有多处全国和省级的文物保护单位。各类特色文物保护单位，都具有重要的建筑文化价值。作为千年古镇，神垕镇传统建筑多而有特色。其中古民居多为明代一层和清代一层建筑。建筑群、建筑物和许多有价值的建筑细部，乃至周边环境都基本上做到了原貌保存。街道两旁的古民居，均依地势而建，高门台，筒子房，或前低后高，或前高后低，多为一进三的宅院。临街是门面，做生意，搞经营；中间住人，是生活起居场所；后边是作坊，建窑，烧瓷器，群众称为"三合一宅院"。清朝末年以前建造的成片历史传统建筑群，从古街道、历史街区、水系、风貌等方面基本保持传统格局的面积约 0.276 平方公里，其中保存较为完好的古民居、院落近十多处，约 9886 平方米，在面积上形成了相当的规模，这种历史街区在古代战争频繁、近代经济落后的中原地区得以保存是非常难得的。

2. 非物质文化遗产价值

实体建筑，是神垕历史文化名镇的基础，而丰厚的非物质文化遗产，则是神垕古镇价值的重要补充。神垕古镇，不仅是建筑名镇，也是文化名镇。事实上，古建筑一方面本身就有大量的非物质文化遗产信息（如木雕、砖雕、壁画等），另一方面，它与非物质文化遗产的关系是一种渊源关系。

与作为历史遗存的静止形态的物质文化遗产不同，非物质文化遗产只要还继续存在，就始终是生动鲜活的。这种"活"，本质上表现为它是有灵魂的。神垕镇丰富的非物质文化遗产，传承了千年古镇上的人们世代不息的，在历史的长河中不断奋斗和创造的凝聚力、价值观和精神。钧瓷是我国五大名瓷之一，始于唐，盛于宋，距今已有一千多年的历史，开启了陶瓷史上色釉瓷的先河，享有"纵有家财万贯，不如钧瓷一片"的美誉，曾多次被作为国礼赠与各国元首和政要，被誉为"国之瑰宝"。钧瓷，对于神垕来说，是千年古镇的文脉与灵魂。民俗文化，是神垕人生存状念和精神现实的观照，特色小吃、庙会活动、民间文艺和民间传说，无不折射着社会历史的变迁。这些风物民俗不仅传承了神垕镇的历史文化特色，还是神垕镇独特的与众不同的品牌。钧瓷一条街和古玩市场，更是给神垕增加了古色古香的特色氛围，实现了各类非物质文化遗产开发的统一。

3. 优美的自然环境和景观

神垕镇具有得天独厚的自然环境。神垕是钧瓷的主产地，因煤、瓷土、釉土资源蕴藏丰富而名闻中原。神垕得天独厚的自然和物质条件，促进了神垕陶瓷生产与商贸经济的发展。神垕镇自然条件优越，可谓物华天宝，人杰地灵。在古镇四周，灵泉寺景区、乾鸣山景区和大刘山瓷乡森林公园环保古镇，为古镇形成了一道绿色的环带。优美的自然山水让人陶醉，也配合造就了古镇灵动的整体环境和优雅的古镇景观。

4. 钧瓷之都：唯一活着的古镇

神垕古镇是中原文化和中华民族的一个缩影。而使神垕古镇在诸多古镇中出类拔萃的一点是，神垕镇是唯一"活着的古镇"。其核心在于神垕的钧瓷产业与古镇发展互动，从古及今，一直生生不息。神垕古镇是中原文化和中华民族的一个缩影，钧瓷文化更使神垕镇享誉海内外，与其文物古迹相得益彰，为古老镇增光增彩，具有其独特的历史文化价值。自北宋以来，神垕镇就是中国五大名瓷之首——钧瓷的唯一产地兼生产中心，号称"钧都"。神垕历史街区的核心，神垕老街，俗称"七里长街"，状如一只巨大的蝎子。清代民谣"进入神垕山，七里长街观，七十二座窑，烟火遮云天"、"七里长街，烟火柱天，日进斗金"，生动形象地描绘和概括了"瓷都"的面貌。而如今，依然随处可见，钧瓷产业带来的特色建筑："碗匣"做墙壁建筑材料，以及遍布神垕的上千个高耸的烟囱，无不构成了神垕镇独特的景观风貌。围绕钧瓷而进行的生产，生活和商贸的结合，更是一直推动着古镇的发展壮大（图4-18、图4-19）。而诸多非物质文化遗产、民间传说和民间文艺，无不与钧瓷产业密不可分。

图4-18 古镇内传承千年的钧瓷制造业

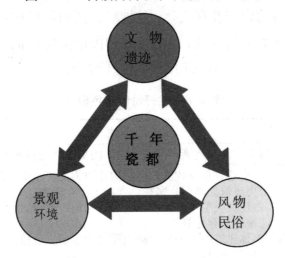

图4-19 古镇历史文化价值体系

建设部和国家文物局对历史文化名镇的界定，主要着眼于两个方面：其一，是"在一定历史时期内对推动全国或某一地区的社会经济发展起过重要作用，具有全国或地区范围的影响；或系当地水陆交通中心，成为闻名遐迩的客流、货流、物流集散地；在一定历史时期内建设过重大工程，并对保障当地人民生命财产安全，保护和改善生态环境有过显著效益且延续至今；在革命历史上发生过重大事件，或曾经为革命政权机关驻地而闻名于世；历史上发生过抗击外来侵略或经历过改变战局的重大战役，以及曾为著名战役军事指挥关驻地；能体现我国传统的选址和规划布局经典理论，或反映经典营造法式和精湛的建造技艺；或能集中反映某一地区特色和风情、民族特色传统建造技术。其二，是该镇（村）所拥有的"建筑遗产、文物古迹和传统文化比较集中，能较完整地反映某一历史时期的传统风貌、地方特色和民族风情，具有较高的历史、文化、艺术和科学价值，现存有清代以前建造或在中国革命历史中有重大影响的成片历史传统建筑群、纪念物、遗址等，基本风貌保持完好"。而神垕镇则占据了这两个方面，是非常具有特色价值的古镇。而将这两个方面结合起来，造就了钧瓷之都神垕镇的，恰恰就是钧瓷产业和文化。因此，神垕镇的核心价值是千年钧都，而钧瓷产业和文化，是神垕古镇的保护核心与灵魂所在。围绕着钧瓷，各类文物古迹、自然景观和民俗文化有机的结合在一起，造就了钧都神垕。表 4-6 为钧瓷价值特色概括。

表 4-6 钧瓷价值特色概括

特色价值	价值分析
社会价值	历史悠久，源头清晰，主题突出，历史事件背景宏大、真实。
建筑价值	（1）历史遗存总量较大，砖结构建筑为主，集中在明清时期。并且重要历史建筑如寨门、宗祠、寺庙等保存较为完好。 （2）古建筑类型丰富，如古民居、宗祠、戏台、寺庙等，并且相对集中，整体保存完好。 （3）单体建筑中，宗祠寺庙规模较大，历史价值高；民居院落群体丰富，特色突出。 （4）建筑构件如石雕、木雕、柱础、门窗等历史遗存丰富，艺术价值较高。
环境价值	（1）古镇整体格局基本完整，如山——镇关系、河流水系、十字轴线、主要街巷等基本完好。 （2）古镇肌理环境基本完整，如街巷尺度、建筑色彩、石板路面、院落等，整体和谐度较高，构成古镇遗存的基础层面。
人文价值	民间艺术丰富多彩，各种活动规模宏大，居民参与积极性高。

三、神垕古镇保护现状

（一）城镇建设现状

1. 建设用地短缺

神垕镇属山区丘陵地区，人多地少；镇区"三山夹一凹"，地形起伏较大，建设用地紧张。

2. 水资源严重缺乏

由于地质气候等原因，造成神垕镇地表水、地下水资源十分短缺。镇区生活用水从四公里以外的翟村引来，又是深井水，水量仅够居民生活用水（旱季时生活用水尚不能完全解决），工业用水也就更难满足。

3. 环境污染严重

镇内工业大多为钧瓷产业，"三废"较多，但目前缺乏有效的污染治理措施，严重影响城镇景观。

4. 功能混杂、区域不分

镇区内工业、居住用地混杂，镇区内工厂遍地开花，烟囱林立。但目前新建工厂多集中于灵泉、西寺两个工业小区，情况有所好转。

5. 镇区内道路交通状况急需改善

镇区内道路网络仅有雏形，丁字路、断头路较多，还很不完善。东西向贯通镇区仅有一条解放路，交通不堪重负；镇区西部居民聚集区（西大、红石桥、关爷庙），现有道路以步行为主，交通拥挤，通行能力差。停车场地的缺乏，使许多车辆停放路边，有些道路，商贩占道经营，形成马路市场，阻塞交通；路面设施较差，影响行车速度；由于南北向高差较大，使南北向道路纵坡很大，超出国家有关道路规范。

6. 市政基础设施水平较低

镇区除电力供应较为充足以外，给水排水，垃圾收集处理等方面水平都需提高。

7. 公共设施配置不完善

镇区内文体娱乐设施缺乏，不仅中小学没有运动场地，整个镇区也没有一块规模较大的体育活动场地；除镇中心农贸市场以外，南大马路集市严重影响交通，需建农贸市场，其他如关爷庙、红石桥、北大地区距镇中心较远，也应设置农贸市场，马路市场应坚决予以取缔。

8. 绿化建设需加强

镇区内公共绿地、道路绿化基本没有；山体绿化植被情况也需要通过植树造林得以改善。

（二）历史文化名镇保护现状

许昌市、禹州市两级政府一直以来就非常重视神垕镇的历史、文化、旅游价值，从 70 年代末就开始了对古镇保护和修缮工作。

2003 年，神垕镇政府邀请郑州大学城市规划设计研究院有关专家对神垕古镇进行了详细的了解勘察，编制了神垕历史文化名镇保护规划。

2005 年，神垕镇政府邀请中国科学院地理科学资源研究所旅游研究与规划设计中心，在神垕古镇保护规划的基础上，编制了神垕老街旅游开发建筑规划。

2006 年成立神垕镇、村两级干部组成的文物保护小组，负责对神垕古民居建筑群的保护工作。

2009 年神垕镇政府邀请河南省韶光旅游规划设计研究中心编制了神垕镇旅游发展总体规划。

2001 年，由北京大学考古文博院、河南省文物考古研究所对神垕镇下白峪窑址进行发掘，并列为全国重点文物保护单位。2010 年，神垕镇政府对伯灵翁庙复原工程、建设路整治改建工程正式、东西大街市政设施配套工程正式启动。

第二节　神垕镇的保护与转型规划

一、规划总则

（一）规划背景

2003 年制订的《河南省禹州市神垕镇历史文化名镇保护规划》（2003—2020）经过 8 年的实施过程，对指导和规范神垕镇的历史文化名镇建设，发挥了积极的作用。

但由于上一期规划制订时间较早，2003 年以来国际国内形势都发生了较大的变化，再加上许多不可预见的因素影响，使得上一期规划的许多目标没有达到。2008 年国家新颁布了《中华人民共和国城乡规划法》和《历史文化名城名镇名村保护条例》，对历史文化名镇的保护工作提出了新的更高的要求。同时，在过去的几年里，河南省的历史文化名镇数目增加，历史文化名镇格局发生变化。此外，近年来古镇旅游在全国范围内的兴起，既给神垕镇的历史文化名镇保护和发展带来了机遇，也带来了相应的挑战。

近年来，神垕镇私营经济发展迅猛，大大增强了城镇经济实力，这一方面给古镇的保护和发展带来了强劲的经济基础，但是另一方面

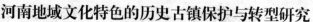
也给古镇的保护带来了巨大压力。由于缺乏引导，私营经济业主急功近利等诸多原因，造成许多负面影响。比如许多有污染的个体私营企业不愿建在离镇中心区较远的指定的工业区内；原镇内大型国营、集体瓷厂倒闭后转由私人承包；陶瓷企业规模可大可小，许多居民点内家庭作坊式窑厂生产活动就在自家院内等；这样的情况造成了如今神垕镇烟囱林立、村村点火、处处冒烟的景象，同时也带来严重的环境污染问题，对古镇保护造成了巨大的压力。同时，各种基础设施的建设，也没有很好的与古镇的保护与开发相协调，造成了古镇区建设无绪，历史文化名镇的风貌受到一定损害。

总之，神垕镇目前的历史文化名镇建设情况没有达到上一期规划要求，原因是多种多样的。在新的形势下上一期总体规划已表现出明显的不适应性，亟须通过历史文化名镇保护规划的重新编制，科学合理地指导历史文化名镇的建设和发展，在新的形势下，构建全国知名的历史文化名镇。

（二）规划依据

1. 国际性历史文化保护公约

（1）《雅典宪章》，1933 年，国际现代建筑协会。

（2）《国际古迹保护与修复宪章》（又称《威尼斯宪章》），1964 年，国际古迹遗址理事会。

（3）《保护世界文化和自然遗产公约》，1972 年，联合国教科文组织。

（4）《有关历史地区的保护及其当代作用的建议》，简称《内罗毕建议》。

（5）《保护历史城镇与城区宪章》（又称华盛顿宪章），1987 年，国际古迹遗址理事会。

（6）《保护非物质文化遗产公约》，巴黎，2003 年，联合国教科文组织。

2. 全国性法律、法规

（1）《中华人民共和国宪法》（2004 年修正）第二十二条"国家保护名胜古迹、珍贵文物和其他重要历史文化遗产"。

（2）《中华人民共和国城乡规划法》（2008/1/1）

（3）《城市规划编制办法》（2006/4/1）。

（4）《中华人民共和国文物保护法》（2002/10/28）。

（5）《历史文化名城保护规划规范》（GB50357-2005）。

（6）《中华人民共和国文物保护法实施条例（2003/7/1）。

（7）《历史文化名城名镇名村保护条例》。

（8）《风景名胜区条例》（2006/12/1）。

（9）《城市紫线管理办法》（2004/2/1）。

（10）《镇规划标准》（GB50188—2007）。

（11）《中华人民共和国非物质文化遗产法》（2011/2/25）。

3. 地方性规范

（1）《河南省历史文化名城保护条例》（2005/10/1）。

（2）《河南省住房和城乡建设厅关于加强历史文化名镇名村保护规划编制工作管理的通知》。

（3）《禹州市旅游业发展总体规划》（2005—2020）。

（4）《神垕镇总体规划》（2005—2020）。

（5）《神垕镇旅游发展总体规划》（2010—2025）。

（6）神垕镇历史文化名镇调查资料。

图 4-20 为相应的法律法规发展时间轴线。

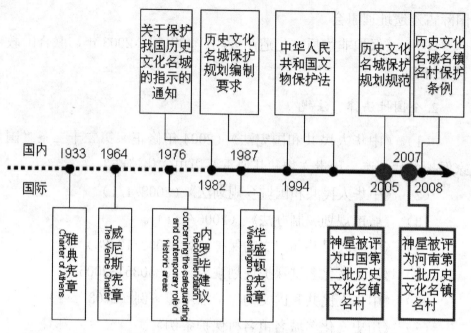

图 4-20　法律法规发展时间轴线

（三）规划期限

近期 2011—2015 年，规划期为 5 年；
远期 2016—2020 年，规划期为 5 年。

（四）规划范围

本次规划范围为神垕镇全镇的历史文化遗产、非物质文化遗产和历史文化名镇整体保护范围。

（五）规划原则

古镇保护的目的，是切实保护优秀历史文化遗产，改善历史文化风貌地区的居住环境，完善市政基础设施和防灾救灾系统，在严格保护的前提下合理善用历史文化遗产，积极发展旅游产业。根据《历史文化名城保护规划规范》（GB50357—2005）的要求，本规划的编制遵循以下原则。

1. 保护历史真实性载体的原则

文物古迹在历史环境中不仅提供直观的外表和建筑形式的信息，同时也是历史信息的物化载体，它能传递今天尚未认识而于明天可能认识的历史和科学的信息。文物古迹和历史环境是不可再生的，保护是第一位的选择。本规划需严格保护历史文化风貌的原真性，所有扩建、改建和重建部分，应当与历史文化风貌保持协调。

2. 保护历史环境的原则

任何历史遗存均与其周围的环境同时存在。失去了原有的环境，就会影响对其历史信息的正确判断和理解。对神垕历史文化名镇的保护，不仅在于保护单个的文物古迹，也要保护古迹、历史街区周围的环境和历史氛围。神垕古镇的历史文化风貌特色通过城镇格局、街坊肌理、街道空间、历史建筑和传统风貌建筑、设施与构筑物、古树名木等体现，对此应制定整体性的保护措施。

3. 合理与永续利用的原则

历史文化遗产的利用不能急功近利，不能单纯追求经济利益，当前的利用方式应保证未来的可持续发展。历史文化遗产成为旅游发展的核心资源，历史文化风貌保护区域也是当地居民长期聚居的地区，应当综合协调历史遗产保护、居住环境改善和旅游产业发展之间的关系，制定具有可持续发展意义的保护规划。

4. 维护历史文化遗产的真实性和完整性原则

一方面，保护历史文化遗产，应当保护历史文化遗存真实的历史原物，要保护它所遗存的全部历史信息，整治要坚持"整旧如故，以存其真"的原则。修补要用原材料、原工艺、原式原样，以求达到还其历史本来面目。另一方面，要保护历史文化遗产的完整性。一个历史文化遗存是连同其环境一同存在的，保护不仅是保护其本身，还要保护其周围的环境，特别是对于城市、街区、地段、景区、景点，要保护其整体的环境，这样才能体现出历史的风貌。整体性还包含其文化内涵、形成的要素，如街区就应包括居民的生活活动及与此相关的所有环境对象。任何历史遗产均与其周围的环境同时存在，失去了原有的环境，就会影响对历史信息的正确理解。有一些历史文化名城、名镇、名村仅仅保护单个的文物古迹或者仅保护单个的街区，而随意改变周边环境，就丧失了原来的历史氛围。这种做法违背了维护历史文化遗产完整性的原则。

5.古镇保护与城镇建设协调发展的原则

历史文化名镇既要保护、延续历史文化，也要促进改革开放与社会进步，将保护与建设利用充分结合起来。遵循古镇保护与建设规律，取其精华，去其糟粕，扬长避短，充分发挥本地优势，新老城区合理协调，使城市具有鲜明的地方特色。

6.公众参与的原则

古镇保护过程中应强调并鼓励全民参与，构建古镇保护的公众机制。充分吸纳社会各界古镇保护的意见和建议，通过吸取原住居民、专家和其他社会人士的意见和建议，建立古镇，保护广泛的社会基础。

（六）规划指导思想

以文物保护为基石，以钧瓷文化为核心和主干，有机更新，实现历史文化名镇的可持续发展（图4-21、图4-22）。

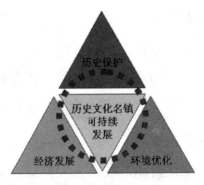

图 4-21　历史文化名镇可持续发展理念

图 4-22　历史文化名镇保护规划理念概念设计

1. 综合规划，协调发展

历史保护规划与其他的规划相协调，使社会经济发展、历史文化保护和环境景观建设构建成有机的整体。认真分析神垕镇的发展过程和文化特征，在严格保护历史文化遗产的同时，又要满足城镇经济社会发展、居民生活环境改善的需要，促使保护与建设的协调发展。

2.全面保护，完整体系

将神垕古镇整体环境保护、特色地段的历史文化环境保护与重要文物古迹、文保单位、非物质文化遗产的具体保护相结合。建立历史文物保护单位—历史街区—历史文化名镇的完整层级体系。

3.突出特色，保护文脉

继承、发掘传统文化内涵，发扬光大神垕古镇的特色。神垕镇是唯一"活着的"古镇，在保护中应突出其千年钧瓷之都的核心价值与特色。强调对历史文脉的保护，保护重在"文化之根"、"生活之脉"上。

4.保护生态，自然协调

文物古迹与生态环境保护并重，注重整体自然环境的保护，自然景观与文化景观的共存共生，以丰富城镇景观。人文景观与自然景观相结合，镇域与镇区相结合，合理组织资源，发展旅游产业。

5.有机更新，分类保护

"有机更新"理论是吴良镛教授通过对北京旧城规划建设进行长期研究发展出来的理论，已成为我国古城镇保护界的共识。"有机更新"是指古镇像细胞组织一样，是一个综合的生命有机体。从古镇到古建筑、从整体到局部，像生物体一样式有机关联和谐共处的，古镇保护必须顺应原有古镇结构，遵从其内在的秩序和规律。应采用适当规模、合适尺度，依据改造内容与要求，妥善处理目前与将来的关系。不断提高规划设计质量，综合的有机的保护古镇各个层面的组成要素，使每一片的发展达到相对的完整性，这样集无数相对完整性之和，促进旧城的整体环境得到改善，达到有机更新的目的。

对所有的文物分类评价。不是统一的标准，而是差别化、个性化保护管理。对现存的文物建筑要实行抢救性保护、修葺，并整治其周边环境。对有重大价值的历史文物，能原址复建的可原状复原，尽可能完整展现钧瓷古镇的历史文化精髓。最后，对居住区内的道路保留传统民居的街坊体系，并且将新建住宅与传统住宅形式相结合，保留历史风貌。

6.社会参与，各方合作

历史文化名镇的保护规划，不仅是政府行为，而且与当地居民以及社会各方面的利益息息相关。特别是在文物保护、旧城改造和旅游开发的过程中，当地居民、开发商、银行、社会团体以及各级政府的通力合作，对于古镇的保护和开发具有重要意义。规划的实施，应该建立在居民、政府、社会几方面合作的基础上。因此，地方政府应淡化"官本位"意识，调动居民参与意识，从而改变现在这种被动的维护状态为主动积极的维护状态，有效地引导社会各个方面参与到古镇自我改造与保护传统风貌的有机结合的过程中来。

（七）保护目标

深入发掘神垕古镇深厚的历史文化内涵，保护历史文化遗产及其环境，保护非物质文化遗产，充分体现神垕古镇悠久的历史和丰富多彩的民间文化艺术,使之成为具有独特旅游观光价值的历史文化名镇。

（八）保护要点

神垕镇历史悠久，文化深厚，文物古迹丰富，是一个具有很高历史价值、文化价值和旅游价值的历史古镇。历史文化名镇保护规划的内容，包括各级文物点保护、各级文物点保护范围划定、传统街区保护、古镇建筑高度控制、古镇传统文化的继承与传统经济的发展等内容。保护规划旨在提炼历史文化名镇风貌特色的基础上，通过加强对古镇的整体历史文化环境、重点历史地段和单个文物保护点的保护，建设具有传统特色、文化内涵与时代气息的神垕（图 4-23）。

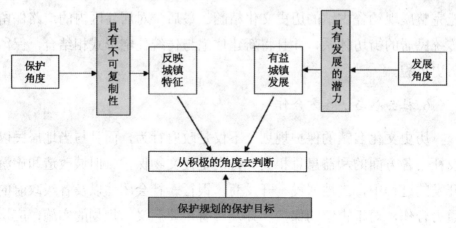

图 4-23　保护规划目标分析

　　保护神垕镇域范围内的古文化遗址、古树名木、古建筑，将其作为继承与发扬古代灿烂文化的物质载体，并结合遗址的条件和适当的发掘，建设不同类型、不同规模的展览馆和博物馆作为教育和宣传的基地。

　　保护镇区范围内的古建筑、古树名木、历史街区、革命遗址及革命纪念性建筑物，对古建筑在专家指导下进行修缮，做到"整旧如故，以存其真"。对古建筑、古树名木、历史街区、革命遗址及革命纪念性建筑物的周围环境进行整治，并结合旅游规划对其进行合理利用。

　　镇区的文物古迹，不仅要制定文物古迹保护措施，还应对其建设控制地带内的建筑高度、体量、风格等方面制定与文物古迹环境风貌相适应的控制引导要求。郊外的文物古迹，要求划定建设控制地带，通过文物古迹保护有关法规和村镇建设有关法规进行管理，以达到保护文物古迹的目的。

　　重点保护的各级文保单位及其周边环境，要保护历史建筑集中、传统风貌比较浓郁的历史街区与街巷。要重视城镇原有的自然环境要素，将其作为历史古镇的重点构成部分而妥善保护。

二、镇域历史文化资源保护规划

（一）相关规划

1.《许昌市城市总体规划（2005—2020）》对神垕镇的定位

神垕镇是市域三级行政、经济中心、旅游服务基地，禹州市域东南部非农经济聚集区中心城镇；其核心产业是钧瓷生产，陶瓷工业基地和旅游商贸业。2020年城镇人口为5.0万人。

2.《禹州市城市总体规划（2006—2020）》对神垕镇的定位

禹州市域西南地区中心城镇，镇域政治经济文化中心，著名钧陶瓷生产基地。2020年城镇人口为5.0万人。

3.《禹州历史文化名城规划（2006—2020）》对神垕镇的定位

禹州历史文化名城（市域）有五个历史文化保护区，两个自然风景保护区，其中包括神垕镇钧瓷历史文化保护区，主要指伯灵翁庙、花戏楼及周围地区，为闻名世界的钧瓷发源地。

4.《神垕镇总体规划（2005—2020）》

（1）城镇性质

以陶瓷工业为主，集商贸、文化、旅游为一体，独具特色的历史文化名镇；是禹州市西南中心城镇。

（2）城镇规模

近期规划（2006—2010年），镇区人口46000人，镇区规划建设用地528.2公顷。

远期规划（2011—2020年），镇区人口81000人，镇区规划建设用地967.95公顷。

（3）用地布局结构

镇区整体布局结构可概括为：中心放射、南北环路贯通的道路骨架，组团式、"二城六片"的布局形态。"二城"是指镇中心区（传统城区）和镇东北清岗涧、翟村、苗家湾一带的新区（新城区）；"六片"是指镇中心区西部的西寺工业综合区、陶瓷作坊及文化区、镇南端灵泉工业综合区、新城区中部的行政新区、北部的出口陶瓷工业城、南部的生物科技城片区。

5.《神垕镇旅游发展总体规划》对神垕的定位

确立"文化旅游名镇"战略，把旅游产业的发展放到更加优先的地位来考虑，把旅游产业作为经济社会发展的战略性主导产业来培育，不断完善发展思路，创新发展举措，努力推动旅游业又快又好发展，尽快将该镇建设成为以钧瓷文化体验、钧都购物休闲为主要功能的、设施完善、环境优美的中原文化旅游名镇，国内外知名的钧瓷文化旅游区，国家 AAAA 级旅游景区。以此促进神垕由工业重镇向工业、文化旅游综合性经济强镇的发展转型，带动神垕经济、社会、生态整体协调发展。

（二）历史文化资源保护存在问题

1. 文物保护力度不足

长期以来，作为历史文化古镇，神垕镇的文物管理没有得到足够的重视。有相当数量的文物遗迹已经被彻底拆除，现存的文物遗迹也存在很多问题。

2. 古镇保护体系不完善

目前历史古镇保护还未形成完整的历史文化名镇保护体系。其保护工作还停留在只注重文保单位的保护，以"点"为主，缺乏对历史文化名镇、历史文化街区整体保护的措施。城镇建设与古镇历史文化遗迹风貌不协调。

3.古镇建设无绪

目前的古镇建设比较混乱，城镇建设没有明确以构建历史文化名镇为导向，城镇化进程整体呈无绪状态。此外，城镇建设力度不够，基础、公共建设施缺项较多，诸如给排水、道路、文化、娱乐、科技、体育等。不能满足现代化小城镇发展的需要，也与古镇开发旅游业的需求有一定差距。

4.城镇环境质量不高

整个镇区面貌不够美观，还有行道树、绿化、建筑形体、环境卫生等方面的问题。镇区环境质量较差，公共绿地及小游园较少。另外镇区街道脏乱现象严重，存在较为严重的环境污染，工矿企业对环境造成的压力不利于古镇区的保护和开发。

5.规划缺失

在过去的发展过程中，对于古镇保护，文化产业和旅游业发展的重视不够。各类不同的规划存在不协调的问题。在当前，全镇经济的发展与生态环境、文物保护的矛盾更加突出，寻求城镇高效、和谐、理性的发展道路，对历史文化名镇和文物古迹的保护提出更高的要求。

（三）镇域历史文化资源保护结构

规划从宏观和微观入手形成一个完善的保护体系，实现名镇的可持续发展。既要保护镇域范围内的历史文化资源、自然景观资源，又要保护古镇的格局与传统风貌、历史街区、文物古迹等有形的、实体性的历史自然文化遗产，也要保护继承无形的优秀文化传统。

镇域历史文化资源保护规划要紧密结合城镇空间总体布局，顺应城镇总体发展趋势，考虑保护与发展的结合、现代与传统的融合，构建地方特色文化保护区域。依据现有资源的特点和分布状况，规划镇域历史文化资源保护结构为"一核一址三山一水"。

一核心：神垕古镇区；

一遗址：古钧窑遗址；

三山：凤翅山（灵泉寺景区）、大刘山（瓷乡森林公园）、乾鸣山；

一水：肖河。

本次规划在镇域历史文化资源保护的层次上，主要针对三山一遗址（凤翅山、大刘山、乾鸣山、古钧窑遗址）进行保护，而在古镇保护的层面上主要针对一核心一水系（神垕古镇区、肖河）进行保护。

（四）镇域历史文化资源分区保护

1. 唐宋古钧窑遗址

（1）保护范围：以下白峪 5 处古钧窑遗址为中心，各向周围扩展 100 米。

在保护范围内禁止开展对遗址及其环境产生污染的生产经营活动，不得新建产生污染的工矿企业。在保护范围内进行绿化活动，应当按照不破坏遗址本体、保护地形地貌、改善生态环境的原则进行。

保护措施：

①种植绿化植物的地点和类别符合相关法律法规的规定，禁止在遗址地点和堆积处种植树木。

②严格控制考古发掘活动，必须进行的考古发掘，应当经市文物行政部门报国家文物行政部门批准。

③禁止从事有损遗址保护、地形地貌和环境氛围的活动。

④对遗址地点本体进行日常监测、维护，建立保护记录档案。

⑤保护遗址安全和环境风貌完好，做好防火、防盗、防汛、防风

化、防御雷电灾害等工作。

⑥采取在遗址地点设立保护标志、说明牌和防护设施等保护措施，防止钧瓷文化遗存损毁和丢失。

⑦与遗址发现、发掘和保护有关的，具有保护价值的建筑物、构筑物和其他设施应当保留，并按照规定核定为不可移动文物或者历史建筑，予以保护。

（2）环境协调区：东至苗家门村，西至赵家门村，北至白峪村南，南至于沟村南。

在环境协调区内不得进行与考古发掘无关的建设工程或者爆破、钻探、挖掘等作业。因特殊需要确需进行必要的建设工程或者爆破、钻探、挖掘等作业，应当经依法审批，并符合保护规划的规定，保证遗址安全。

环境协调区内禁止下列危及、损害遗址的行为：

①移动、拆除、污损、破坏保护标志；

②挖树根，破坏和非法采集植物、岩土堆积物；

③吸烟、野炊、上坟烧纸、燃放烟花爆竹，焚烧树叶、荒草、垃圾等；

④采矿、开窑、挖山、盗伐林木、取土、毁林、猎捕野生动物等破坏地形地貌和生态环境的活动。

2. 凤翅山（灵泉寺景区）

（1）保护范围：以灵泉寺和银杏树为核心向外扩展 100 米。

（2）环境协调区：凤翅山山体范围。

3. 大刘山（瓷乡森林公园）

（1）保护范围：大刘山上的历史文化资源集中区域。

（2）环境协调区：大刘山山体范围。

4. 乾鸣山

（1）保护范围：祖师庙建设区向外扩展 100 米。

（2）环境协调区：乾鸣山山体范围。

保护措施：加强山林植被和生态景观建设，以贴近自然状态为主导，确保结构立体、物种丰富的山体生态景观。针对山体生态较为脆弱、山体结构较为简单、与周边环境前协调的区域，适当扩大保护范围，封山育林，提高山林郁闭度。确保山体整体环境的协调性和自然轮廓的完整性，严禁开山取土、占山伐木等行为，控制自然山体周边的建设性质、开发强度等，保证自然山体的视线通透性和景观协调性。

三、古镇区历史文化资源保护规划

（一）保护层次的划定

按照国家和省的相关法律规定、本次保护规划体系划分为历史文化名镇、核心区、文物保护单位三个保护层次。

历史文化名镇范围的确定，重点以历史镇区为基础，依据城镇总体的发展需要，以有利于用地调整，交通组织、环境整治、基础设施建设及格局风貌保护完善为原则。

核心区范围的确定重点依据历史文化要素的集中程度、完善程度、风貌完整性、结合历史道路街坊的划分形式确定，力求风貌完整、界限明确、突出特色。保护控制范围划分为两级或三级，主要以保护范围和建设控制地带两个层次为主，对具有重要价值或对环境要求十分严格的历史地段可增加环境协调区为第三个保护层次。

文物保护单位的保护范围以相应各级政府公布的范围为准。建议适当扩大文物保护单位的建设控制地带，以利于规划建设管理的实施。

当历史文化街区的保护区与文物保护单位或保护建筑的建设控

制地带出现重叠时，应服从保护区的规划控制要求；当文物保护单位或保护建筑的保护范围与历史文化街区出现重叠时，应服从文物保护单位或保护建筑的保护范围的规划控制要求。

（二）古镇历史文化资源保护结构

1. 名镇风貌构成

文化活动——即具有传统文化特色的地方性民俗活动。

建筑物——包括典型的建筑群，首先其本身具有历史、科学、艺术、使用等综合价值；其次这些建筑物的类型多样、风貌统一完整。这些建筑主要集中在东西大街。

空间结构——由建筑物、自然环境所构成的一种城镇肌理和外部空间关系，是一种在传统社会中人们的城镇活动方式以及对城镇空间体会、认同的表达。

神垕镇保存完好的众多历史要素，是古镇悠久历史的积淀，也是古镇传统文化的体现。这些要素在空间结构形态上表现为节点、轴线、廊道、片区四个层次，通过这四个层次空间上的互相联系，共同构成神垕镇传统的空间格局，因此神垕古镇的保护应从以下四方面进行：

（1）节点——历史景观，包括伯灵翁庙、陶瓷官署、望嵩寨、天保寨、神垕盐号（清代官办盐店旧址，辛家院）、温家大院、白家大院、李干卿故居、温化远宅院、张涌泉故居、宋家院、王家院、"义兴公"商号、"义泰昌"商号等；

（2）轴线——历史景观、风貌带，主要指东大街、西大街、白衣堂街等街道，全长 3.5 公里，状如一只巨大的蝎子；

（3）廊道——生态防护、景观带，主要指肖河，丰富神垕古镇生态系统、美化神垕古镇的景观风貌；

（4）片区——根据神垕镇的布局形态将其划分为外围风貌协调

区、建设控制区、核心保护区。

2. 保护结构

根据以上内容，概括神垕古镇的保护结构为"一区、一带、多点"。

一区：由东西大街组成的轴线和较为集中的历史文化节点形成的历史文化核心区；

一带：肖河保护带；

多点：在古镇区范围内的多个文物保护单位。

（三）古镇分区保护规划

结合神垕古镇的历史风貌特征及主要文物古迹的分布特点，确定其保护范围为三个层次：核心保护区、建设控制区、风貌协调区。

1. 核心保护区

核心保护区是为保护古镇传统街巷和河道的历史文化风貌、保护文物古迹和历史建筑的完整性和安全性而划定实施重点保护的区域。

（1）范围划定

神垕古镇的核心保护区为：最东至东环路西侧，最西至复兴瓷厂东侧，最南至东大桥，最北至复兴瓷厂南侧。核心区面积为 27 公顷。

（2）控制要求

在核心区范围内，不得擅自改变古镇的空间格局和沿街建筑的立面、材质和色彩；其产业要以居住和第三产业为主，逐步降低人口密度，疏解改变交通拥挤状况，增加绿地面积，搞好配套设施，改善和提高环境质级。此外，除确需建造的建筑附属设施外，不得进行新建、扩建活动，对现有建筑进行改建时，应当保持或者恢复其历史文化风貌；不得擅自新建、扩建道路，对现有道路进行改建时，应当保持或者恢复其原有的道路格局和沿线景观特征；不得新建工业企业，现有妨碍历史文化古镇保护的工业企业应当有计划迁移。

2. 建设控制地带

（1）范围划定

神垕古镇的建设控制地带为：在核心区保护范围的基础上向周边扩展，最东至东环路，最西至复兴瓷厂西100米，最南至东大桥南150米，最北至解放路。建设控制地带面积为83公顷。

（2）控制要求

建设控制地带建设行为需遵循本次规划的控制要求，禁止在现存非建设用地进行建设；街巷铺装不宜使用水泥等现代材料；新建建（构）筑物的高度、体量、色彩和形式，应在维护历史风貌的原则下进行严格控制；对于新建建筑体量不宜过大，高度不得超过12米，建筑形式宜采用坡屋顶，立面处理应尽量采用传统特色，避免大面积使用玻璃幕墙和铝板等现代装修材料；对严重影响风貌的新建筑，改造外观形式和建筑色彩，以取得风貌的协调；整治建设控制地带的环境，增加绿化面积。

3. 风貌协调区

风貌协调区为了协调镇区与周围自然及社会环境之间相容的协调关系所必须划定的保护范围，特别是自然风景的保护，镇区外围环境是城镇特征、文化形成和发展的基础，改变和脱离其原有的生存环境，城镇的历史文化价值将大大丧失。与体现自然风景有关的要素均应属于城镇外围环境保护需要考虑的内容，它包括山体、树木、水域、地形、自然村落及通道等。

（1）范围划定

在建设控制地带的基础上向周边扩展，最东至大坡路变电站，最西至西寺桥，最南至三岔口，最北至北环路。风貌协调区面积为139公顷。

（2）控制要求

该区域包括能体现古镇山城关系的空间要素。作为古镇的背景，应以山峦为基础，所有建设要求在不破坏古镇风貌的前提下进行，规模不宜过大，高度不宜过高，体量与色彩不宜太突出，应保持传统风貌，不用过于现代化或欧式的建筑风格，要求建筑周围有一定的绿化屏障，避免产生新的景观障碍点。

（四）高度控制规划

1. 原则与目标

建筑高度控制规划是保护名镇风貌的重要措施，对保护范围内的建筑高度进行控制的目的是对保护对象周边的景观环境进行保护；对视线通廊内建筑的高度进行控制的目的是保护古镇整体上的视觉关联性，对古镇的建筑高度进行整体上的分区控制是为了保持整体尺度。具体情况遵循以下原则：

（1）正确处理保护与发展、整体与局部的关系，达到保护、利用和开发的有效统一，在不破坏古镇风貌协调性的前提下，做到改造投资最小化。

（2）保护古镇整体风貌，结合现代生活，重塑古镇形象。

（3）强调重要景点之间的呼应关系，使标志性建、构筑物的地位得到突出和强调，并真正成为古镇的空间标志。

2. 高度控制

保留建筑的高度控制维持原有水平，核心保护区内建筑高度控制为1—2层的坡屋顶传统建筑，建筑出地面标高起1层檐口高度不超过3米，2层檐口高度不超过6米，屋脊总高度不超过9米；建设控制地带内建筑高度控制在3层以下，3层檐口高度不超过9米，屋脊总高度不超过12米；风貌协调区建筑总高度控制在4层以下，屋脊总高度不超过 15 米，以满足与传统风貌特色相协调的要求。

（五）建筑间距和建筑朝向控制

（1）在"古镇保护范围"内，按照原位置、原高度、原面积、原体量进行改建或重建建筑的建筑间距不得小于原有的建筑间距。

（2）在"古镇保护范围"内，当被遮挡的居住建筑的下部为非居住用房时，居住建筑的正向间距可在扣除下部架空部分高度或非居住用房高度后进行计算。

（3）在"古镇保护范围"内，当被遮挡的居住建筑的二层与底层为同户时，其间距可在扣除该部分被遮挡建筑的一层层高后进行计算。

（4）在"古镇保护范围"内以及对高度在 7 米以下的沿街建筑，拼接的连续展开面宽在满足消防要求的前提下，不作特别限制。

（5）高度 7 米以下的居住建筑，在保证每户有一间居室满足许昌地区日照时间标准的前提下，其朝向不受限制。

（6）建筑的其他间距控制在保证本区的各项保护要求的前提下，应积极采用各种技术措施，解决消防和管线敷设的问题，并在修建性详细规划方案中予以确定。

（六）建筑退界的控制要求

为保护风貌区历史形成的街道尺度和风貌特征，名镇保护范围内建筑退让道路红线距离允许根据风貌保护道路空间尺度及其景观特征的需要进行控制，允许在部分路段建筑物贴道路红线建造。

（七）建筑密度控制

（1）古镇保护范围内，规划建筑密度根据街坊空间尺度及其景观特征保护的需要进行控制，古镇保护范围内各街坊的规划建筑密度不得超过本街坊的现状建筑密度。现状建筑密度按已批准的规划设计条件或以实测的建筑密度为准。

（2）古镇保护范围外，居住用地的规划建筑密度不大于40%，商业用地等的规划建筑密度不大于60%，行政办公、文化娱乐、体育、医疗卫生、教育、科研设计等用地的规划建筑密度不大于50%，包含居住建筑的综合用地规划建筑密度不大于45%，不包含居住建筑的综合用地规划建筑密度不大于60%。

（八）绿地率控制

古镇保护范围内，各街坊和各地块内的绿地率不得低于现状绿地率。古镇保护范围外，居住用地绿地率不小于30%。商业、金融、交通枢纽、市政公用设施等用地，绿地率不小于20%。行政办公、文化娱乐、体育、医疗卫生、教育、科研设计等用地，绿地率不小于35%。

四、核心区保护规划

（一）核心区用地布局

2005年由河南省豫建设计院编制完成的《神垕镇总体规划（2005—2020）》，为神垕镇的城镇建设和发展起到了显著的指导作用。但随着经济的发展和镇区规模的扩大，在对历史文化遗产的保护过程中，需要对《神垕镇总体规划（2005—2020）》进行局部的调整。

1. 用地现状

核心区总面积27公顷，其中居住用地17.4公顷，教育用地0.4公顷，商业用地0.5公顷，生产设施用地3.6公顷，道路及其他用地为5.1公顷。

2. 用地调整

根据保护与开发神垕镇的基本原则，对神垕镇历史文化特色突出最为集中同时保护与发展矛盾最为突出的神垕核心区进行详细深入的分析与研究。通过对现状土地使用及交通的合理调整，以达到科学合理的使用土地、完善交通系统的目的，从而更好地保护古镇的风貌，同时又改善居民生活、发展旅游，为神垕镇的经济发展注入新的生机（图 4-24）。

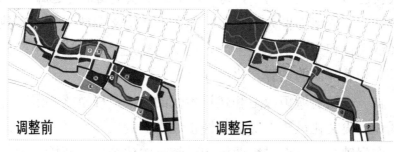

调整前　　　　　　　调整后

图 4-24　神垕镇用地调整

（1）在核心区西段北部，肖河两岸的居住、商业及教育用地调整为绿地。

（2）原规划在核心区内的商业较多，规划将核心区内的部分商业用地调整为居住用地。

（3）将原规划的文化用地调整为绿地。

（4）将原规划停车场北部的绿地调整为居住用地。

（5）将原规划的停车场调整至肖河南，原址调整为居住用地。

（6）将东大街入口处的商业用地调整为停车场。

（7）在东大街入口处增加一处广场。

3. 道路交通调整

（1）原规划将东大街东段拓宽至 30 米。

（2）将西大街北的东西向道路走向进行了调整。

（3）将东西大街调整为步行系统。

4. 核心区功能分区

根据神垕核心区现状特色，结合《神垕镇总体规划（2005—2020）》，提出核心区的功能分区概括为"一心一轴四区"。

一心——体现神垕古镇核心区深厚的传统文化底蕴为中心。神垕镇是钧瓷艺术的发祥地，其烧制陶瓷的历史可以追溯到五六千年前，在宋代就已形成庞大的窑系，钧瓷被宋徽宗钦定为"宫廷御用珍品"，以其独特的神韵博得世人的赞誉。悠久的陶瓷文明造就了神垕独具特色的经济主体和文化主题。至今，这里仍然是全国的钧瓷生产集散中心，并蕴含着深厚的钧瓷文化内涵。

一轴——随着城镇改造和建设步伐的加快，神垕核心区特有的空间景观和历史文化风貌上的连续性正逐步遭到破坏。打通由东向西的核心区布局轴线，营造沿街两侧和谐统一的传统风貌环境氛围是核心区保护及开发的中心任务，也是神垕镇作为历史文化名镇在城镇建设中的一个重点工作。

四区——根据核心区现状的空间聚落分布特点，将核心区划分为民俗文化区、钧瓷文化区、古玩文物区、民俗文化公园。

民俗文化区：位于东街东端，东南至寨门，西至瓷厂街路口，此段长度约 300 米，规划用地面积约 4.88 公顷。此段集中了温家大院、霍家大院、白家大院等众多的老宅大院和老街的东侧寨门，店铺等商业建筑相对较少，但生活气息浓郁，是展现神垕老街日常生活历史演变和生活习俗等民俗文化的理想场所。

钧瓷文化区：包括瓷厂街以西，驹虞桥以东的核心地段，此段长约 250 米，规划用地面积约 5.01 公顷。本区域是传统意义上真正的神垕老街，老街两侧店铺林立，商业气氛浓郁，特别是位于老街中心的伯灵翁庙，是一座集建筑精华、神话故事、历史文化为一体的古建筑，是神垕古镇庆典和商业活动的中心。

古玩文物区：位于驺虞桥以西、规划路以东的西大街区域，此段长约 590 米，规划用地面积约 7.48 公顷。该区段老街现状为古玩市场，创建于 2001 年，每逢周二、三开市。平时为生产、销售仿古陶瓷的专业街道，同时该地域还聚集了二郎台、老君庙、白衣堂等诸多古迹。

民俗文化公园：包括建设路以北，肖河以南的老街西段延伸区域，西至关帝庙及建设路西段延长线，规划用地面积约 4.00 公顷。该区位于神垕镇建设区域的地理中心，规划用地内肖河的两条支流蜿蜒汇入肖河主河道，自然条件优越；同时西侧又有关帝庙为代表的人文景点，具备建设城镇公共绿地良好的自然条件和区位条件。

（二）核心区道路系统

1. 道路交通系统

核心区道路交通系统规划的特色是利用原有街巷，结合新规划的城镇道路，构成纵横交错的内部道路体系；核心区周边地区则通过规划新建或整修原有道路构成主、次道路，结合旅游线路构筑道路系统。

核心区建筑密度较大，道路狭窄，路网混乱，规划将老街的道路完全用于步行，并考虑火灾时作为消防车道。规划结合功能分区布置了两直一环三条环行道路：一条直路就是贯穿整个老街的东大街和西大街；另一条直路为沿肖河景观带的沿河步行小路；环路即肖河民俗文化公园内的园路。

2. 交通方式

区内交通主要以步行为主要方式，通过各级步行道建立联系各个功能区的道路交通系统。

3.交通设施

（1）交通工具：核心区内主要以步行为主，同时考虑引进人力车、滑竿、花轿等相关的交通工具。

（2）停车场地：停车场面积共计10255平方米，主要布置在东大街入口以及肖河民俗文化公园北，以解决进入神垕核心区的停车问题。停车场地可采用车位草坪砖与集中绿地结合的方式，以达到绿化停车的效果。

4.道路分级

核心区内道路等级分为三级。

（1）城镇道路

城镇道路又分为20米和15米两种红线。

干路红线宽度为20米，其中机动车路面宽度14米，主要为核心区外围出入道路，材质可以采用混凝土沥青路面。

干路红线宽度为15米，其中机动车路面宽度10米，主要为核心区外围出入道路，材质可以采用混凝土沥青路面。

（2）核心区主路

主路红线宽度不等，一般情况为6米，材质选用石板和砖材铺装路面。主路采用步行系统，只有消防车辆、管理车辆和工程维护车辆可进入核心区。

（3）核心区次路

次路包括公园内景观路、沿肖河景观带的沿河景观路以及老街内部原有巷道，其中园林景观道路为步行路，宽度为4米，主要用于连接分区内部的各个文保单位，以硬质铺装路面为主，可选用多样的材料以加强景观效果。

老街内原有巷道宽度1～3米不等，规划通过整体保留局部维护整修的方式，保护古村落原有街巷的历史风貌；利用新建筑和破损废弃建筑拆除新建的巷道也要注重在宽度、选材上与原有巷道保持高度一致。

（三）公共空间规划

1. 公共空间扩展的途径和方式

本着影响最小化的原则，本次规划公共空间拓展的途径包括以下几个：

（1）工业用地：规划不建议古镇内部再保留工业生产用地，这样既不利于古镇风貌的统一，也造成了不必要的交通压力。现有工业厂房应予以铲除，工业用地可作为公共空间扩展和旅游服务的后备土地。

（2）弃置地：原有一些老旧的钧瓷生产厂房，现已基本废弃，土地做临时居住和存放物品使用，规划拆除老旧建筑，进行简单改造就可创造宜人的公共活动场所。

（3）部分居住用地功能置换：古镇内一些民居建筑，没有定时的维护休憩，质量已经很差，几近危房，居住人口也相对较少，规划可利用其中的一些民居进行功能置换，放弃居住功能，对建筑进行修缮，植入商业服务业、展览展示等其他功能，激活其巨大的潜在价值。

公共空间的扩展方式，包括新建和整治两大类。其中，新建是利用以上有开发潜力的土地，进行拆除重建或拆除不建，重新创造公共空间；整治类是在现有的公共空间的基础之上，不对建筑物进行大规模的拆建，仅进行增加绿化、梳理交通、铺装地面等环境整治措施，使之重新焕发活力。

2. 新增公共空间

（1）东大街入口空间

规划将东大街入口打造成为古镇主出入口，现状除一条路面较窄的土路外，两侧为破旧民居及 2 层现代居住建筑，风格与古街风貌严重冲突，结合现状建筑质量评价，拆除风貌较差居住建筑，拓展出来的空间作为东大街入口广场。

（2）伯灵翁广场

规划拆除伯灵翁庙和关帝庙南侧的部分破旧建筑和新建建筑，形成庙前小型广场，为庙会等庆典活动提供充足的空间，也为游客提供观赏伯灵翁庙和关帝庙提供一定的空间距离。

（3）民俗文化公园

民俗文化公园位于核心区的西北角，包括建设路以北，肖河以南的老街西段延伸区域，西至关帝庙及建设路西段延长线。区内现状院落空间结构较差，有大量厂院存在，整体建筑风貌较差，与老街不和谐。建筑质量参差不齐，以现代风格的房屋为主，同时区域内大部分现状铺地毁坏严重，直接影响巷子的景观面貌，需要有大规模的整修。

该区位于神垕镇建设区域的地理中心，规划用地内肖河的两条支流蜿蜒汇入肖河主河道，自然条件优越；同时西侧又有关帝庙为代表的人文景点，具备建设河畔城镇公共绿地良好的自然条件和区位条件。

3. 整治公共空间

（1）肖河两岸的空间

肖河又名驺虞河，贯穿神垕整个镇区，具有极高的景观利用价值。但由于上游水量不稳定，除雨季外河道经常断流，现状肖河仅为城镇的排洪沟，周边垃圾遍地，生态环境十分恶劣。着眼于肖河和神垕镇肖河流域生态环境根本上的改变，规划彻底整治肖河及两岸的景观环境，在镇内设水闸或拦水坝蓄水，彻底改造肖河河道，完成两岸的绿地和景观环境建设。

（2）对原有主要宗祠寺庙、寨门进行保护及周边环境整治

主要包括苗家祠堂、二郎台庙、老君庙、白衣堂、文庙、火神庙、

关帝庙、望嵩寨门、天保寨门等，尽可能将入口空间进行扩展，为祈福祭祀等活动提供必要的停留和仪式进行空间。

（四）基础设施规划

1. 给水

核心区供水应以自来水进户为目标，给水水源取自城镇自来水。从城镇主干道接管，沿古镇的主要道路连成环状，供街区各建筑用水。古镇各建筑给水均采用由市政给水管网直供的方式供水。

2. 排水

排水体制在近期采用雨污合流制，有条件的可采用分流制；远期埋设污水管，采用分流制。污水排放采用污水管网系统，雨水采用边沟式雨水排放系统。

3. 电力

电力线近期可暂时保留架空敷设，但重要历史和景观地区应采用地埋敷设；远期都应改为地埋敷设。因路宽所限，管线采用穿管敷设。

4. 电信

规划按要求设置一定数量的公用电话亭，造型要与各街区传统风貌相协调。现状架空电话线路逐步改造为直埋地下电缆敷设。

有线电视入户率达到100%，逐步取消各户户外天线。有线电视线路与电话电缆同沟敷设。

为提高古镇现代化水平，应用高效、方便、高质量、多样化的计算机网络及通信系统。电讯、计算机网络的光缆和有线电视电缆从城镇主干道接入核心区，在核心区内设总的电讯交接间、计算机网络中心，根据功能需要在各个街区设若干个语音、数据点。

5. 环卫设施

合理调整垃圾转运站点布局，以便使用和运输，确保古镇景观。垃圾转运站点的形式应与周围环境相协调。在核心区内共规划垃圾转运点2个。

公共厕所布点，要不影响景观节点的环境，并布置在重点保护地段之外。其建筑形式应与周围环境相协调。在核心区内共规划公厕7个。

6. 燃气

历史街区积极推广使用瓶装液化气，创造条件使用天然气。

（五）环境保护规划

为了能在神垕核心区创造优良的生态环境，必须尽快制定并实施以下几个方面的生态环境保护措施。

1. 水体环境保护措施

（1）水体应予绝对保护，任何生产、生活污水应严格遵照规划统一组织处理排放，不得对区内水体造成污染。

（2）严禁进行污染水质的任何水上活动。

（3）在公园水面及肖河河道内可根据条件种植睡莲、荷花等水生植物，并组织放养野生鱼种，通过生态工程解决水质的富营养化问题。

（4）采用定期清淤和部分人工补水等工程措施，以起到改善水质的作用。

2. 生物资源保育措施

对区内古树，实行挂牌并委派专人巡视定期维护。

本着"防重于治"的方针，以"筑巢引鸟""人工放养"等措施，增加鸟类等野生动物的品种与数量，并切实做好生物检疫工作，积极开展树木病虫害的生态防治。

3. 大气污染防治措施

（1）核心区内普及电力、天然气等无污染能源，控制机动车尾气排放，严禁社会车辆进入景区。

（2）加强绿化整治工作，努力做到黄土不露天，减少扬尘等颗粒物大气污染。

4. 土壤保护措施

（1）完善管理机制，加强核心区管理，对水土流失较严重地区加强绿化，并对林木砍伐加强管理。

（2）特别重视保护林间、路边的植被植物。

5. 控制新污染源的产生

对新建、改建和扩建的基本建设项目，严格审批，依法保护环境，对环境有污染的建设项目，坚决不批。

6. 控制旅游污染

对旅游景点、停车场及配套服务点的生活污水和垃圾必须按有关规定处理，不得随意排放。在核心区内设立生态免冲水公厕和垃圾箱，以控制旅游污染。

（六）防灾规划

1. 防震规划

根据《中国地震烈度区划图》，本区地震基本强度为Ⅵ度。为有效地防止和减少地震的危害，核心区建筑必须按 VI 度设防，重要建筑按Ⅶ度设防。核心区的防灾采取就地疏散和向外疏散相结合的原则，结合广场、绿化带等空旷地带作为主要疏散场地，设立避震疏散通道。各类建筑物及构筑物应严格按照抗震标准要求设防。

2. 防洪规划

根据《防洪标准》（GB50201—94），防洪标准［重现期（年）］为 50 年。核心区地区地形中央低，四周高，应特别注重肖河排水系统的畅通，同时完善街巷的排水系统并切实做好场地内的排水规划，避免因排水不畅导致文物价值较高的古建筑受损。

3. 消防规划

核心区内火灾隐患较多，需从各方面进行消防设防，并要加强消防知识宣传教育。

（1）室内电力线路包绝缘套管。

（2）逐步淘汰使用煤炉，减少火灾发生率。

（3）按规范设置消火栓，间距不大于 120 米。开辟一定的消防应急通道，利于救火和疏散。

（4）消防责任区配置人工携带式消防设备，便于人工携带到现场。同时研究与生产使用于古镇窄小街巷的小型消防车。

（5）消防用水须按独立系统安排布置。

（七）建筑保护与更新规划

1. 建筑质量现状

对核心区内的现状建筑质量进行分类比较，是对建筑的风貌特色做出评价的前提条件。统计共划分了六个等级，如表 4-7 所示。

表4-7　核心区建筑现状质量评价

质量等级	质量状况	建筑面积（平方米）	百分比（%）
一级	质量优良	260	0.30
二级	质量较好	2930	3.41
三级	质量一般	8460	9.84
四级	质量较差	14850	17.27
五级	破旧房屋	20820	24.22
六级	新建建筑	38650	44.96
总计		85970	100

2. 建筑风貌现状

神垕古镇保护已提出近30年，古镇整体格局保持仍较为完整，肌理明显，脉络清晰。但是，古镇范围内的建筑风貌破坏比较严重，虽与自然环境的关系尚算和谐，但已经严重影响了古镇的整体价值。站于高处俯视，古城建筑布局紧密，新老建筑穿插现象严重，居民自发改造和拆除重建的"现代"住宅，它们巨大生硬的尺度，打破古城优美的天际轮廓线，这都极大的影响了古城的传统风貌。

在充分调查并掌握了古镇现状建筑状况的基础上，可以将现状的建筑风貌划分为以下五类，如表4-8所示。

表4-8　神垕镇建筑风貌等级

风貌等级	风貌状况	建筑面积（平方米）	百分比（%）
一级	传统风貌保存较好	2860	3.33
二级	传统风貌保存一般	8490	9.87
三级	传统风貌保存较差	24620	28.64
四级	现代建筑风貌有保留价值	360	0.42
五级	不协调现代建筑风貌	49640	57.74
总计		85970	100

通过分析得出那些有着较高历史价值和较好传统风貌的民居普遍存在质量欠佳及基础设施缺乏和落后的问题，如何有效的保护与开发，有效解决改造资金来源，是古镇保护中一个需要关注的重点方面。

3. 现状院落空间评价

通过对建筑质量现状和建筑风貌现状的调查，对古镇的院落空间的完整度进行了划分，如表 4-9 所示。

表 4-9　神垕镇建筑空间完整度的划分

类别	占地面积（平方米）	占地面积比例（%）
院落式空间结构保存完整	13263.7	8.6
院落式空间结构保存一般	27661.7	17.9
院落式空间结构保存较差	35060.6	22.7
院落式空间结构严重破坏	39532.1	25.6
非传统院落式空间结构	38618.0	25.2

4. 建筑保护更新的原则

（1）在分析历史文化遗存现状特点的基础上，实事求是地确立保护内容，注重保护具有历史和地方特色、能较好体现古镇格局和风貌的建筑。

（2）根据系统规划，如公共空间规划、古镇功能的改善、用地布局的调整，道路交通规划等，对建筑进行分类改善。

（3）对于古镇内原有的古建筑，不仅严格保护其建筑单体的建筑风貌和建筑特色，还须从区域的角度保护其建筑环境，使古镇范围的传统建筑风貌得到最大程度的保留和保护。

（4）对于已有的新建建筑物，如果位于核心保护区内，且与古镇风貌相冲突的，将在近期内创造条件拆除或改造，使之与古镇风貌相协调。非核心保护区内的新建建筑，近期采取保留的方式，远期改造。

5.建筑保护更新规划

结合现状和以上规划原则，通过用地调整和分区保护规划的深入分析，规划对建筑保护与更新提出六种模式，并将其落实到古镇内每栋建筑。

（1）保留类建筑

①对文物建筑，依据《中华人民共和国文物保护法》，依照文物保护工程修缮原则，优先进行保存原貌性的修缮。

②对不合理占用文物建筑的单位应坚决迁出，修缮整理后宜作为文化建筑对外开放，以合理利用来促进文物建筑的保护。

③保存类建筑主要包括温家大院、张湧泉故居、王家大院、白家大院、宋家大院、陶瓷官署等文物保护单位，总面积为5330平方米，占总建筑面积的6.2%。

（2）保护类建筑

①历史建筑（或称准文物建筑），尚未被列入文物保护单位名单，但却具有一定历史文化价值的传统建筑和近现代建筑。

②调整居住人口结构，将外来租住居民迁出建筑，拆除违章搭建的建／构筑物，整理和恢复原有院落，改善建筑使用条件，鼓励原住民迁回居住并负责建筑的维护与修缮，禁止将保护类建筑作为出租屋出租。

③依照文物保护工程修缮原则，在不改变原貌的原则下，进行保存原貌性的修缮。

④保护类建筑总面积为4556平方米，占总建筑面积的5.3%。

（3）改善类建筑

①对于风貌较好、质量较差的历史建筑，采取改善的方式，保存建筑物的外观和建筑风格，改善室外环境和室内居住条件，进行保护性修缮。

②改善类建筑总面积为2149平方米，占总建筑面积的2.5%。

（4）整饬类建筑

①整饬类建筑分为几种情况：一是近年居民自改自建的新房，色彩或材料不协调；二是原来传统的建筑改造装修时使用了与传统建筑不协调的饰面材料、色彩或形式；三是传统居住建筑改造时破坏了原有立面。

②去除添加、添建、改建的与古镇整体风貌不相协调的部分，按照古镇整体风貌要求对其外观进行改造，最大限度地保留原有传统建筑的结构和构件，进行室内居住条件的改善维修，使之符合现代人生活和居住的条件。

③整饬类建筑总面积为 20718 平方米，占总建筑面积的 24.1%。

（5）更新类建筑

①拆除新建类：对古镇风貌产生较大负面影响，或功能需要调整的建筑。

②拆后不建类：需要开辟为公共空间、恢复寨墙或传统民居建筑中改建扩建的部分。

③更新类建筑总面积为 24501 平方米，占总建筑面积的 28.5%。

（6）暂留类建筑

①暂时保留古镇核心保护区内现状质量较好但没有传统风格的现代建筑，待改造模式、资金政策等条件成熟后进行整体的改造或更新。

②暂留类建筑总面积为 28713 平方米，占总建筑面积的 33.4%。

（八）街巷及水系保护规划

1. 街巷保护规划

（1）规划原则

①古镇街巷保持原有的尺度、比例和步行方式，严格限制现代交

通工具如四轮机动车的使用。

②古镇外围交通在保证不打破核心保护区原有宁静气氛的前提下应充分保证其交通可达性，成为充分提高古镇居住生活质量和发展旅游的保障。

③在发展交通的同时，应注重环境质量的改善，重视沿路绿化的建设，使道路林荫化。

（2）街巷系统规划

①充分保护和利用古镇内现有的传统街巷和交通系统，保留原有的"十字街＋宅间小巷"的道路框架及竖向关系（十字街：东西大街与瓷厂街）。

②对主要道路系统进行必要的修葺，使之成为联系历史保护建筑和主要景点的通道，必要时还是防灾疏散的紧急通道。

③古镇街巷系统分为主要街巷和次要街巷两大类，东大街、西大街、白衣堂街、关帝庙街为主要街巷，承担古镇主要交通及生活用途；其余街巷（文家拐街、磨角房街等）等级较低，均为次要街巷，以生活性为主。

④外围道路：降低核心区西侧南北向道路的等级，并配合道路改造，使古镇西部成为古镇次要出入口。

2. 水系保护规划

肖河又名驺虞河，贯穿神垕整个镇中心区，具有极高的历史价值。但由于上游水量不稳定，除雨季外，河道经常断流，现状肖河仅为城镇的排洪沟，周遍垃圾边地，生态环境十分恶劣。着眼于肖河和神垕镇肖河流域生态环境根本上的改变，规划建议彻底整治肖河及两岸的景观环境，在镇内设水闸或拦水坝蓄水，彻底改造肖河河道，完成两岸的绿地和景观环境建设；同时在上游流域开展大规模的植树造林，以减少水土流失；严格控制上游的污水排入肖河，同时在上游拦坝修建面积较大的沉沙湖，减少大量泥沙进入河道，保持进入古镇区肖河水量的稳定性。肖河的彻底整治不仅可以根本上改变神垕古镇的生态环境面貌，还可以通过蓄水，丰富水上景观。

（九）民居的保护

1. 现状

老街两旁鳞次栉比的民宅无论名字、历史、建筑都是神垕的一大传统特色（图 4-25）。这些民宅的第一大特点，都是一进三或一进五的"深宅大院"，每个院落人口少则数十口，多则上百口。第二大特点，大多数院落都是以一个姓氏聚居，这是因为历史上多次战乱和自然灾害，人口大幅减员，从明代开始的多次移民，经过几百年的繁衍生息，大都成为大户人家，每个院落一个姓氏，最多的已经发展到几千人，因此，大多数宅院都是以姓为院名，如白家院、霍家院、温家院、辛家院等。第三个特点是建织结构，一般人家都是深宅大院，望门富户，均是门第高大，布局对称，雕梁画栋，砖雕、木雕、石雕细致精美，是明清式建筑风格的典型代表。第四个特点是前商铺、中居住、后作坊。

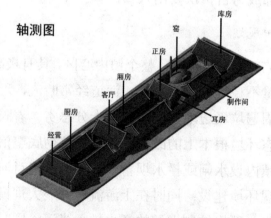

图 4-25　神垕镇民居轴测图

2．保护规划

（1）传统民居不得整体拆除，应当积极予以维修和再利用。

（2）传统民居不得擅自拆除或迁移。因特殊情况需要迁移、拆除的，必须经过规划管理特别论证制度审议。

（3）传统民居的建筑布局、结构体系不得改变，应予以保留；现存建筑原物应予以保留；与原有建筑风格不相吻合的部分需要整治。

（4）传统民居外观改动的修缮（外墙粉刷、屋面材料及门窗更换等）应当保持原有风貌特征，并且修缮方案应当经过相关管理部门审议通过。

（5）在典型传统民居的周边新建、扩建、改建的建筑，应当在使用性质、高度、体量、立面、材料、色彩等方面与典型传统民居相和谐，不得改变典型传统民居周围原有的空间景观特征，不得影响典型传统民居的正常使用。图 4-26 为神垕镇居民的平面示意图。

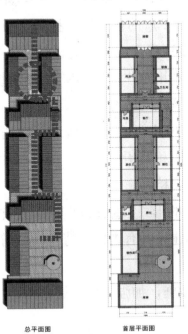

总平面图　　　　　首层平面图

图 4-26　神垕镇民居的平面图

3. 保护措施

依据国家和省级相关规范要求，通过参考各地古民居保护经验，结合神垕镇的建设现状，建议采取以下保护措施。

（1）由市政府审定并对社会公布需要保护的传统民居，培养公民保护意识，以形成社会监督风尚。

（2）对已公布为保护对象的传统民居实施挂牌保护。由文物、规划、城建部门登记造册，并提出相关保护要求；由城镇文物保护部门进行落实实施。

（3）制定保护维修规划，落实专项保护维修资金，分批对这些传统民居进行一次全面保护维修，然后每年制定专项维护经费。对已改建的部分，恢复原貌，添建部分予以拆除。

（4）对一些保存完整、具有较高历史价值的优秀传统民居，逐步公布为市（县）级文物保护单位，纳入《文物保护法》的保护范畴。

（5）逐步对一院多户的住户进行搬迁，或将房产收为国有。在此基础上，利用国家专项资金或社会资金对民居进行逐步修缮和完善，进而实施对外开放等利用工作。对仍愿意居住的独立户主，鼓励并支持将其民居作为旅游景点对外开放。

（6）对登记在册的优秀传统民居进行建档管理。收集其建造的时代背景、宅院主人等相关历史资料及历史照片等，对宅院的现状进行实测、拍照并进行归档。

（7）对新建房屋的形式、色彩、高度要与古民居保持一定协调性。同时鼓励社会参与，建设具有古民居特色的旅游接待用房，纳入旅游服务设施的内容。

（8）完善消防设施，加强教育，提高消防意识，消除火灾。

五、文物保护单位保护规划

（一）文物保护单位的层次划分及保护要求

文物保护单位的保护一般设置保护范围及建筑环境控制地带两个层次。对有重要价值或环境要求十分严格的文物保护单位，可加划环境协调区为第三个层次的保护范围。各个层次的具体范围应根据文物保护单位类别、规模、内容以及周围环境的历史和现实情况划定。

保护范围：包括以文物保护单位本体及周围一定安全范围，其内部的保护与修缮行为必须严格按照文物保护法和文物主管部门的要求进行，禁止一切有损文物自身及其环境的建设活动。不允许随意改变文物原状、面貌及环境，必须的修缮工作应在专家指导下进行，做到"不改变文物原状"的保护。对于该保护范围内现有影响文物风貌的建筑物、构筑物坚决予以拆除。在旅游旺季应控制游客流量，使环境容量保持在合理幅度以内，以免造成资源破坏。制定具体而有效的防火措施，确保文物资源的绝对安全。

建设控制地带：为保护文物保护单位的安全、环境、历史风貌，在文物保护单位的保护范围之外应划定一定区域并对区域内的建筑项目加以限制。根据文物保护单位的类型和特点分别划定该区域，用以进一步保护和控制文物的存在环境，避免破坏性建设。该区内建筑物和构筑物的高度、形式、色彩和体量要明确控制（高度一般控制在两层不超过 7 米），用地性质要严格监督和管理，对于现状不符合文物保护要求的建筑和用地，原则上要逐步调整改造。适当增加该区内的公共绿地和开敞空间，以利文物的观赏。

环境协调区：环境协调区的划定主要强调文物的整体性保护，即将其置于更大的范围当中统一考虑，对其周围环境的尺度和风貌提出控制要求，并留出必要的公共空间和视线通廊。

（二）文物保护单位保护规划

1. 中共禹郏县委旧址

保护范围：西、北两个方向沿文物保护单位边界线向外扩展 10 米，东、南两个方向扩展至东大街北侧边界线。

建筑控制地带：自文保单位保护边界线向外扩展 20 米，如果与另一文保单位保护范围重合，则以另一文保单位的保护边界为本文保单位的建设控制地带。

2. 张湧泉故居、温家大院

保护范围：东、南、北三个方向沿文物保护单位边界线向外扩展 10 米，西面扩展至东大街东侧边界线。

建筑控制地带：自文保单位保护边界线向周围扩展 20 米。

3. 温化远宅院、白家大院

保护范围：东、南、西三个方向沿文物保护单位边界线向外扩展 10 米，北面扩展至东大街南侧边界线。

建筑控制地带：自文保单位保护边界线向外扩展 20 米，如果与另一文保单位保护范围重合，则以另一文保单位的保护边界为本文保单位的建设控制地带。

4. 望嵩寨、天保寨

保护范围：自文保单位边界线向周围扩展 10 米。

建筑控制地带：自保护范围向周围扩展 20 米。

5. 王家大院、陶瓷官署、宋家大院

保护范围：东、北、西三个方向沿文物保护单位边界线向外扩展 10 米，南面扩展至东大街北侧边界线。

建筑控制地带：自保护范围向周围扩展 20 米。

6."义兴公"商号

保护范围：东、南、西三个方向沿文物保护单位边界线向外扩展 10 米，北面扩展至东大街南侧边界线。

建筑控制地带：自文保单位保护边界线向外扩展 20 米，如果与另一文保单位保护范围重合，则以另一文保单位的保护边界为本文保单位的建设控制地带。

7."义泰昌"商号

保护范围：东、南、西三个方向沿文物保护单位边界线向外扩展 10 米，北面扩展至东大街南侧边界线。

建筑控制地带：自文保单位保护边界线向外扩展 20 米，如果与另一文保单位保护范围重合，则以另一文保单位的保护边界为本文保单位的建设控制地带。

8.伯灵翁庙、李干卿故居

保护范围：东、西、北三个方向沿文物保护单位边界线向外扩展 10 米，南面扩展至东大街北侧边界线。

建筑控制地带：自文保单位保护边界线向外扩展 20 米，如果与另一文保单位保护范围重合，则以另一文保单位的保护边界为本文保单位的建设控制地带。

9.神垕盐号（辛家大院）

保护范围：东、西、北三个方向沿文物保护单位边界线向外扩展 10 米，南面扩展至西大街北侧边界线。

建筑控制地带：自文保单位保护边界线向外扩展 20 米。

10. 肖河及寨墙

保护范围：肖河以河岸线向外扩展 5 米，寨墙以墙体为中心向外扩展 5 米。周围的院落部分被划入保护范围的，考虑院落的整体性可将其整体划入或划出保护范围，不适宜全部划入或划出的，可将涉及的建筑作为最小单位划入或划出保护范围。如果相邻文保单位保护范围有重合的可合并为一个保护区域范围，详见肖河、寨墙保护范围图。

建筑控制地带：肖河与古寨墙以保护范围边界线向外扩展 10 米，如果建设控制地带与另一文保单位的保护范围重合，则以另一文保单位保护范围边界线为本文保单位的建设控制地带边界线。周围的院落部分被划入建设控制地带的，考虑院落的整体性可将其整体划入或划出控制范围，不适宜全部划入或划出的，可将涉及的建筑作为最小单位划入或划出建设控制地带。

六、重点地段整治设计

（一）东大街沿街立面整治

1. 现状分析

东大街是神垕古镇最为核心的地段，长度 1.3 公里，不仅汇集着伯灵翁庙、陶瓷官署等十多处省级文保单位，同时也是钧瓷文化和神垕民俗文化的载体。东大街是随着神垕瓷业的发展形成的，特点是狭窄，街面店铺高低不一，路面用青石板铺就，道路两侧店铺林立，古民居依势而建，至今基本保持有传统古街的尺度和面貌。

东大街沿街建筑现状风貌杂乱，保存较好的传统建筑较少，大量的传统建筑均有不同程度的残破，部分建筑已破败不堪，无法利用。部分沿街建筑经翻建成为现代建筑，已与老街原有的传统风貌不相符合，另有少量具有一定特色和历史价值的传统建筑也已经失去活力。

2. 功能及定位

作为核心区的轴线，反映神垕民俗文化与钧瓷文化的窗口，神垕地区特色街道的代表。

3. 整治方式

（1）保留

尽量保留建筑风貌完好的传统建筑，并按原有的建筑风格加以修缮，力求修旧如旧，能够真实地反映神垕传统文化。

保留伯灵翁庙沿街的两座花戏楼，适当加以修缮和装饰，营造与本区相符合的景观气氛。保留能够反映真实历史痕迹的沿街人民影院，并适当加以装饰，增加老街的沧桑感。

（2）修缮

沿街两侧大量的普通传统建筑大门和商业门面用房同样具有很高的历史价值，在主题结构较好的前提下应优先考虑修缮。

沿街南北两侧中段集中了一批风貌较好、建筑质量一般的传统建筑，有实墙面较多的普通民居沿街面，也有用于商业门面房的木板门面建筑。对这些建筑进行修缮和环境整治，还其本来面貌，使其焕发原有的活力，建筑的功能可用于商业和展示用房以及各类服务设施。

（3）更新

对沿街两侧具有传统风貌但建筑质量较差建筑进行原地更新建设，保持原有建筑的高度、样式、色彩以及空间位置，以使更新后的建筑仍能延续古街原有肌理，反映原汁原味的特色古街风貌。对沿街南侧西部及中部部分建筑进行原地更新，并适当进行装饰，营造商业氛围。

（4）新建

对沿街两侧的现代建筑实施拆除，并新建与传统建筑风貌相符的仿古建筑。新建建筑取原型于东大街之中，延续老街的空间肌理，采用本地建筑风格和细部装饰。

对沿街南侧东部沿街现代建筑实施拆除重建，力求恢复整个老街的原有风貌和韵味。外部装饰和商业气氛的营造方式与翻建建筑相同，赋予新建建筑合理功能，服务于整个功能区。

（5）环境整治

沿街两侧环境整治以清理清洁为主，拓宽局部道路较窄处，保证消防的要求。

沿街两侧店面及公共活动场所所用招牌、灯笼及街道照明系统风格统一，结合各商业店铺需要设置门前环境绿化和建筑小品，保留街道原有树木，并加以维护，同时在适当位置种植与原有树种相同的树木以增强街道绿化效果，维护传统风貌景观。

伯灵翁庙前开辟一处小型人流集散休闲广场，在解决庙前交通和人流集散需要的同时，为游客提供休息空间，并改善了庙前花戏楼的观赏视角。

（二）伯灵翁庙和关帝庙的整体修复设计

1. 现状条件分析

伯灵翁庙和关帝庙位于瓷厂街以西、驺虞桥以东的神垕老街核心地段上，是一座集建筑精华、神话故事、历史文化为一体的古建筑，是神垕古镇庆典和商业活动的中心。伯灵翁庙创建于宋代，已有千年历史，为神垕均瓷文化象征性古典建筑，俗称"瓷祖庙"，当地群众又叫"窑神庙"、"大庙"，是神垕百姓制陶烧窑前进行祭祀活动的主要场所。目前现状伯灵翁庙和关帝庙仅存山门兼花戏楼建筑，其他主要大殿建筑均已损毁；庙前空间局促，南侧门脸建筑距伯灵翁庙山门不足5米，尚达不到消防间距的要求，急待整修改造。

2. 功能及定位

千年古镇的缩影，钧瓷文化的象征。

3. 建筑布局及造型

（1）总体布局

通过东大街中心的伯灵翁庙和关帝庙的整体修复，形成老街庆典活动中心。完整的院落空间既能形成宗教祭祀的神圣空间感受，又为花戏楼看戏表演限定范围。在伯灵翁庙和关帝庙的老街对面，拆除出休闲广场作为整条街的公共活动场所，同时为更突出的表现和观察花戏楼提供了足够的视觉距离和廊道。图4-27为伯灵翁庙的修复整治效果图。

（2）建筑布局及造型

大庙的中心是伯灵翁庙。它正对位大庙入口，与花戏楼遥相呼应，通过庙前月台和广场充分展示自身体量。关帝庙位于大庙东侧，二者之间没有院墙和隔断，两个广场互相连接、融合。关帝庙的最东侧是钟鼓楼，不仅在空间上限定了广场范围，在建筑形式上丰富了整个大庙的造型与轮廓，集中体现了神垕地区丰富的风俗文化和精湛的技术、艺术造诣。

图4-27 伯灵翁庙修复整治效果

伯灵翁庙内修复窑神殿、两侧的道房和东西日月门及庙前月台，其中重点是窑神殿的恢复，窑神殿为五间三进重檐歇山顶木结构古典建筑，中间供放窑祖伯灵翁神像。关帝庙位于伯灵翁庙东侧，现存钟鼓楼和花戏楼，主要修复的建筑有钟鼓楼和关帝庙大殿。关帝庙建筑为三开间硬山形式，带有檐柱廊。

拆除伯灵翁庙和关帝庙南侧的部分建筑，形成庙前小型广场，为庙会等庆典活动提供充足的空间，也为游客提供观赏伯灵翁庙和关帝庙提供一定的空间距离。在广场上设计供人停留的游廊，增加空间层次，广场中心设计窑神雕塑，与大庙内神像遥相呼应，把世俗文化和宗教文化有机结合在一起。在强调改造老街空间结构的同时注重人性化设计；结合现状条件，拆除部分建筑打通庙前广场南接肖河景观带的巷道，为庙前广场提供一定的空间纵深，疏导人流的同时，把大庙景观和肖河景观紧密联系到一起，丰富了旅游路线；整治伯灵翁庙和关帝庙内外的景观环境，增加旗桅等装饰品，营造庙宇特有的空间景观氛围。

七、非物质文化遗产保护规划

（一）指导思想

（1）以"保护为主、抢救第一、合理利用、传承发展"为指导方针。
（2）以"政府主导、社会参与、明确职责、形成合力、长远规划、分步实施、点面结合、讲求实效"为工作原则。

（二）具体措施

为推动神垕镇非物质文化遗产保护工作的深入开展，通过借鉴以往国内外经验，结合国家及地方各级相关保护措施，在细致分析神垕实际情况的基础上，采取以下七项保护措施。

（1）开展普查，用现代化手段真实、系统、全面地记录非物质文化遗产，建立档案和数据库。

（2）制定标准，科学认定，建立全国和省、市、县级非物质文化遗产代表作名录体系；加强非物质文化遗产的研究、认定、保存和传播工作。

（3）建立科学有效的非物质文化遗产传承机制，探索动态整体性保护方式。

（4）发挥政府主导作用，建立协调有效的保护工作领导机制、专家咨询机制和检查监督制度。

（5）将非物质文化遗产保护工作纳入国民经济和社会发展整体规划，加强相关法律法规的建设。

（6）不断加大非物质文化遗产保护工作的经费投入，大力培养专门人才。

（7）积极开展对非物质文化遗产的传播、教学和宣传展示，提高全社会的保护意识。

对于非物质文化资源的保护，可与物质形态文化资源保护相结合，以物质文化为载体，通过开发旅游产业、文化展示产业，为非物质形态的历史文化遗产提供发展平台。如建设完善的文化标识系统、博物馆系统等。其中博物馆是历史和空间的浓缩，文化标识是通过在现存和已不存在的历史遗迹遗址上，采取立碑、嵌碑、挂牌等形式，标识文物古迹的所在和简介。

规划建议对神垕镇非物质形态历史文化保护，采用建设综合类博物馆和专门博物馆相结合的博物馆系统。规划将温家大院作为神垕民俗文化博物馆，同时将东大街南边"文革"时期的公社电影院在保留时代特色鲜明的外立面基础上将其内部改造成为神垕历史博物馆的资料放映厅。在钧瓷文化园内建立钧瓷博物馆。在古钧窑遗址区，就地建立古钧窑博物馆，展示古均窑的历史、考古挖掘资料和现状。通过博物馆的建设，构筑神垕镇多方位的历史文化遗产展示体系，进一步丰富和完善历史文化名镇保护体系。

（三）传统钧瓷的保护规划

1. 存在的主要问题

（1）从业人员少

虽然钧瓷产业发展迅速，但是受历史因素的影响，现在具有高超技艺的传统钧瓷工艺大师已经很少了，而且大多年事已高，如何将这门手艺传承下去，成为目前亟待解决的问题。

（2）市场开发程度低

由于科技的发展，手工作坊已经是处境困难，神垕钧瓷的艺术魅力除了其悠久的历史和鲜明的特点外，就是对手工技术要求都很高。这对其市场开发造成了巨大阻力，也造成了人才的匮乏。

（3）没有统一质量标准，产品良莠不齐

由于钧瓷制造的这门行业的特殊性，对于从业人员的技术能力要求很苛刻。加上没有统一的质量鉴定标准，从而造成市场上产品鱼龙混杂。

（4）保护机构有待健全

现在的保护措施多由各级政府组织落实，缺乏健全的机构进行各项工作的统一安排，政府承担了过多职能，使得保护工作缺乏系统性。

2. 保护措施

传统钧瓷制造是神垕古镇传承千年的文化命脉，在其保护工作中突出其核心地位。要建立科学的钧瓷保护体系。参考各地对传统瓷器制造保护工作经验，建议采取以下保护措施。

（1）建立钧瓷档案数据库。通过民间文化生态保护的角度出发，运用文化人类学的研究方法，用文字、静态图片、动态影像等多种方法对钧瓷发展的历史渊源、地理资源、社会资源、传承谱系、工艺流程、题材、使用习俗、销售方式等进行了全方位、系统的考察与记录，通过走访艺人、调查文字资料、搜集图片资料、制作影像资料等，以建立完整的数字化档案检索信息库。

（2）建立钧瓷博物馆。依据镇政府意见，结合镇区相关规划特点，馆址可设立于钧瓷大师园内。结合大师园的规划和神垕镇旅游发展规划，以展区的形式进行分类保存。

（3）发挥政府的引导职能。政府应加强对传承人的关注，解决其生活保障问题。

（4）建立一个完善的保护机制。由镇政府组织，建立保护机构，设立办公处（位置可与镇政府或博物馆结合起来），统一主持前期保护项目的进展及以后日常工作及相关活动。

（5）省政府应加大投资力度。通过多种渠道，吸收社会资金，并加强对资金利用的监督力度。

（6）加强宣传力度。宣传对外宣传力度，建立品牌效应，增强影响力。

（7）纳入旅游业的保护范围，开发旅游产品，促进资金回笼，同时带动经济的发展。

（8）加强社会教育，并对为传统钧瓷制造保护作出重要贡献的集体和个人做出表彰，以鼓励全民参与。

（9）应该结合神垕历史文化名镇的建设，积极申报钧瓷为"世界非物质文化文化遗产"。

（四）风物民俗保护

1. 传统饮食文化

因深厚的历史文化底蕴，神垕镇既具有豫中传统饮食文化的特点，又体现出本地餐饮的特色。目前，镇内有百十家大小饭店，风味小吃常令人津津乐道。首先从财力上和政策上，政府加大扶持力度，使传统饮食制造得以传承；其次，树立品牌，扩大宣传，提高影响力；

再次，开发改进技术，促进规模生产；引入市场竞争，实现其价值，促进本地经济的发展。针对本地特色餐饮：作为历史文化街区的重要组成部分，有选择的开辟特色饮食区，既作为神垕镇旅游服务业的重要组成部分，也是神垕镇历史街区风貌的重要内容。此外，以市场的理念，政府加强引导作用，促使古镇参观—民俗文化—餐饮这一古镇旅游观光线的形成，既体现了地方特色，又促进了当地的经济的发展。

2. 庙会文化与民间文艺

通过构建各类节庆文化，将传统的庙会习俗发扬光大。恢复各种传统典礼和祭祀活动，专门安排一些地方优秀特色民间艺术的传承人，为观众进行现场表演，提升古镇文化气息。对传统民间文艺表演进行再度加工创新，排练提高，增添古镇丰富的文化内涵，为神垕古镇增添浓厚的民族民间传统文化氛围。

3. 民间传说

要深刻意识到，民间传说是非物质文化遗产的重要组成部分。

首先要对民间传说的讲述者、演唱者、传承者进行挖掘，对优秀的讲述者给予补贴。保护工作的重点是传承与传承人，要建立保护传承人的工作机制。其次要记录并出版民间传说故事集，使民间传说由口头传播到书面文本，使民间传说由第一生命向"第二生命"转化。再次要建立博物馆和资料馆，对神垕镇内的各类民间传说进行收集整理工作，编辑成图书，制作音像资料。文字记录、音响、影像等资料，将依次编入神垕镇的非物质文化遗产数据库，逐步做到资源共享。对这些被媒体记录的资料，除移交主管部门指定的博物馆、陈列馆、研究机构保存外，建议编纂为《神垕镇非物质文化遗产——民间传说》公开出版。最后要加大媒体宣传力度，并对较为著名的传说（如汉将邓禹在这里屯兵打仗，智退敌兵的故事；与钧瓷相关的"金火圣母"

等神话传说）进行重点保护，并申请国家非物质文化遗产保护。

（五）市场集市的保护

对于古镇内的钧瓷一条街和古玩一条街，更多的是要进行发展引导、合理规划和整治。对两条集市街区的管理要科学化、规范化，促进市场有序交易和健康发展，使其成为神垕镇非物质文化遗展示、交易基地，成为神垕的一张名片。

八、古镇开发利用规划

历史文化名镇的保护，并不局限于对现存文物古迹的保存和修缮，也包含着对其进行再开发利用的内涵。历史文化名镇的开发，主要是对其历史文化资源的旅游开发的提升，这对于名镇整合自身资源，调整发展策略，适应旅游市场的需求，赢得竞争优势，有着重要的意义。

神垕镇旅游的主要特色是钧瓷文化及千年古镇。早在 1979 年，神垕就被河南省确定为十八条旅游线路之一，近年又被许昌市确定为三大旅游品牌之一。按照省委、省政府《关于大力发展文化产业的意见》和"旅游立省"的战略部署，以及《许昌市文化旅游产业发展"十一五"规划》和"旅游立市"的市级战略要求，神垕镇在市委、市政府领导下，结合本地实际，提出了"以钧瓷文化为品牌，以神垕古镇为载体，以钧瓷产业为集群，以旅游开发为带动，努力把神垕打造成为独具中原文化特色的文化产业基地和知名的旅游景区"的宏大构想，加快了以"千年古镇，钧瓷文化"为主题的旅游开发。

（一）旅游资源及其空间结构

神垕镇的旅游资源空间布局结构为：一镇六区。

其六区为：钧都古镇景区；

钧瓷文化园区；

灵泉寺景区；

大刘山森林公园；

乾明山宗教文化景区；

古钧窑遗址展示区。

神垕镇旅游资源以镇区为中心，以环绕镇区的钧瓷文化园区、灵泉寺景区、大刘山森林公园和乾明山宗教文化景区为扩展，与古钧窑遗址展示区遥相呼应，通过道路和水系将这些资源串联在一起。从镇区来看，旅游资源最为集中，基本形成以东大街、西大街为核心的老街格局。以古街为轴线，以河道为脉络，把重要的历史文化景观组成一个整体，展现中原古镇特色的古代人类聚居环境风貌。

（二）旅游形象定位

神垕镇的旅游形象定位为：中国钧都，古镇瓷乡。

"中国钧都"是神垕旅游之灵魂，形象之核心；"古镇瓷乡"是神垕历史文化之积淀、现代旅游之卖点。由此组成神垕独特的整体旅游形象。

（三）旅游资源 SWOT 分析

在旅游产品规划中分析神垕旅游产品的优势（Strength）、劣势（Weakness）、发展机遇（Opportunity）和将受到的威胁（Threaten），以确定神垕的主导旅游产品和旅游发展策略。图 4-28 为神垕旅游资源的 SWOT 分析。

图 4-28 神垕镇旅游资源 SWOT 分析

（四）旅游市场分析

以高端、低端两大市场为导向，以省内游客为基础，重点瞄准省内外、国内外钧陶瓷专项旅游高端市场。

1. 基于地域的市场分析

近距离市场：主要包括河南省各个地级市及其市辖县市。以郑州为中心的包括洛阳、开封、焦作、新乡、许昌、平顶山、漯河、济源等城市的中原城市群及南阳、周口等周边城市，以及把许昌、郑州、平顶山、洛阳作为旅游目的地的旅游团队。这个范围内的市场是神垕镇的基础性市场，对维持旅游区常年稳定的游客数量有着至关重要的作用。

远距离市场：主要包括全国其他省市的游客及其部分到河南旅游的国外游客，这作为旅游市场的重要补充。

2. 基于旅游类型的市场分析

人文观光游：神垕镇现有旅游资源主要是人文景点，这也是最具有价值的部分，因此，人文观光游是最主要的旅游类型。

自然观光游：神垕镇能够发展自然休闲游的条件有以下几点。

（1）区位条件：神垕镇距离郑州、许昌、平顶山等主要城市较近。

（2）基础设施比较完善。

（3）厚重的历史底蕴。

当前情况下，尤其是对郑州市场的开拓具有决定性的意义，这需要尽快打通神垕镇到郑州的直接交通。

3. 基于旅游方式的市场分析

团队旅游：团队旅游具有出游方便、行动一致、易于组织和接待的特点。目前团队旅游也是河南省旅游市场的重要旅游方式，近期大力吸引旅游团队，是扩大旅游市场的重要途径。

散客旅游：散客是旅游市场的主要出游方式，随着家庭轿车的普及，家庭自驾游将是散客出游的重要形式。散客将会是未来神垕镇旅游市场的主体。

（五）旅游发展目标

1. 旅游开发建设目标

把握省市大力发展旅游业的良好机遇，以神垕镇建设国家历史文化名城为契机，密切结合神垕镇经济结构调整和城镇化建设的要求，围绕建设旅游重镇的发展思路，以市场为导向，充分发挥政策、资源、区位优势，科学的开发利用旅游资源，将神垕镇建成以人文观光游、自然观光游、民俗风情游为主要特色，同时具有较强的餐饮、购物、住宿接待服务功能的综合性旅游区，并逐步发展成为人文景观丰富、地方特色鲜明、基础设施配套完善、管理服务高效文明、具有较大吸引力的旅游目的地。

2. 旅游发展综合目标

通过神垕镇的进一步开发建设，促进神垕镇旅游业的快速发展，并逐步发展成为神垕镇的支柱产业，带动全镇经济结构的调整和优化，提高城镇化水平，实现建设旅游重镇的目标。

以旅游业为龙头，充分利用和发挥旅游资源的优势，紧密结合旅游发展与历史镇区保护的要求，积极推进全镇基础设施配套与完善，大力营造浓重的旅游氛围和良好的旅游、居住环境。

（六）旅游线路规划

（1）与禹州、汝州一起联合推出"中原陶瓷文化"旅游专线或"陶瓷研修游"旅游专线。

（2）与禹州市区、鸿畅画圣故里一起推出"禹州市精品文化旅游线"或"禹州市钧都文化旅游线"。

（七）旅游产品策划

神垕镇有钧瓷这张世界性的品牌，其旅游产品开发的核心就应该围绕钧瓷产业和钧瓷文化来进行。一年四季都有旅游活动的展开，这对于持久维持旅游热度具有非常重要的作用。因此，旅游产品的策划主要有以下形式。

1. 古镇古街游

古镇游主要以神垕千年古镇为依托，坚持保护第一、分类指导的原则，以旧镇区保护性开发利用为中心，科学划分保护区级别和范围，分类保护和改造古镇建筑，保护性开发老大街、东西大街、长河街等传统街区，修复伯灵翁庙、明清民居、邓禹楼等古迹景点，新建陶瓷大市场，完善古玩一条街、钧瓷文化街，构筑镇区钧瓷、古玩、陶瓷三大市场共同发展格局。打通由东大街、老大街向西经驹虞桥、西大街至关帝庙的老街游览主要线路，营造沿街两侧和谐统一的传统风貌环境氛围，展现钧都瓷乡、千年古镇之风韵。开创四个主题游览区：老街民俗文化博览区、钧瓷文化商业步行街游览区、古玩文物商业步行街游览区、民俗文化公园游览区，四个主题游览区由东向西沿老街旅游主线呈带状分布。

2. 钧瓷文化体验游

体验式旅游，已经成为当年旅游的新时尚。钧瓷文化体验游以牛头山南麓的温堂村一带的钧瓷文化园为依托，以展示和体验钧瓷文化艺术为主线，力求使游人在参观游览之余，通过在仿古作坊内参与制作等途径，体验神奇的钧瓷艺术。园内项目主要有钧瓷艺术展示中心、古钧窑模拟展示区、休闲山庄、农家乐接待区、大师园区、传统手工作坊村、专家别墅会所区、观光湖区等等设施。在镇区内，也要重点选择一些钧窑厂家进行钧瓷生产过程现场表演参观，并开设一些个性体验式的陶吧，保存重要的与钧窑有关的建筑景观（如钧瓷碎片建成的围墙、众多烟囱景观等），构筑钧瓷文化景观体系。在弘扬钧瓷文化的同时，增添神垕镇新的旅游内容。

3. 山水风景游

山水风景游以灵泉寺景区、大龙山森林公园和乾明山宗教文化景区为依托。其中灵泉寺景区要以宗教旅游为主题，以中国传统的"灵"文化作为景区策划主线，在"灵"字上大作文章。大龙山景区以生态旅游为主题，让游客回归自然，返璞归真，同时兼顾登山观光。乾明山为神垕的主山，也是周围的宗教活动中心。建成为镇区一座集自然、文化、休闲、娱乐于一体的综合性公园，也是全镇的中心花园，以满足镇区居民休闲、游憩需要。在三大自然风景区要完善旅游环境，封山育林，禁止放牧，在生态抚育的基础上逐步开展拓展运动、登山游览、山林度假、生态观光采摘等大众化休闲度假项目，将三大景区打造一个综合性的郊野休闲公园体系，为神垕镇的生态建设和旅游发展做出特殊的贡献。

4.遗址考古游

唐宋古钧窑遗址，位于下白峪村公路一侧、肖河岸边，为2001年全国十大考古发现之一。发掘后已经回填，从田地及河边，目前仍能找到古钧瓷的碎片。该景点的优势和特色在于遗址的考古和历史意义，即它证实了钧瓷的发生、发展和繁荣的历史过程。古钧窑遗址要向游人展示钧瓷的历史，供研究人员进行研究，其保护设施外观，要求景观化，建筑本身要体现钧瓷的旅游主题和要求，同时又具有一定的观赏性和旅游吸引力。

5.民俗文化游

神垕具有丰富的民俗文化资源。利用神垕镇的众多庙会，可以开展丰富多彩的宣传活动，构建诸多民俗文化节庆，以吸引更多的游客。

6.商务休闲游

依托RBD（Recreational Business Distric，游憩休闲商务区）商务休闲成为近年来旅游市场的新热点。神垕临近郑州、洛阳等大城市，便于各公司企业来此进行商务休闲旅游。神垕镇可根据自身特色资源，打组合牌，将古镇景观、山水景观配套商业设施、休闲设施和酒店，构建新型的RBD，服务中原城市群和中原经济区。依托古镇中较为强势的人文或自然资源，由传统休闲、旅游行为提升所形成，同时也是城市休闲、旅游商业化的结果。一方面，满足中原经济区各大城市游客日益复杂的旅游、休闲和商业需求；另一方面，也以旅游资源为核心，集合和提升本地居民的商业消费需求。

图 4-29 为神垕镇旅游的开发产品策划分类图。

图 4-29　神垕镇旅游开发产品策划

（八）旅游业的社会文化影响

成功的旅游发展计划能增加当地居民的收入，提高生活水平，使神垕镇人在心理上受益；重新意识到历史文化遗产的作用，增强了居民的自豪感，加倍对历史文化遗产的保护，表现出强烈的地方观念，对其历史文化有更深入的理解。归纳起来，主要有以下三大效应。

历史文化效应：促进了古镇文化的交流、传播、了解，提高了知名度；有利于传统工艺再度繁荣，有利于历史文化名镇的保护和更新。

社会经济效应：社会经济得到广泛的变化；政府财政收入增加；文保资金投入增加，基础设施和服务设施得到改善。

人文发展效应：有利于增加就业；开阔本地居民的视野，提高素质，有益于当地人口质量的提升。图4-30为神垕镇旅游开发意义示意图。

图4-30 古镇旅游开发意义示意图

九、分期保护规划

全面保护与利用神垕古镇，计划分近期和远期两期逐步实施，通过近期计划，启动整个保护整治行动，探索改造模式，远期逐步向纵深发展，最终达到全面保护与整治神垕古镇的目的。

（一）近期保护规划（2011—2015）

近期建设以能够迅速树立古城形象，带动旅游业发展，调动居民自发改造意识的项目为主，作为古镇保护与开发的启动区域，激活旅游市场，扩大古镇的知名度。

1. 近期保护内容

（1）对历史文物进行普查，以点—线—面的顺序落实保护政策，制定合理且符合实际的保护和修缮计划。

（2）重点整治核心区，并严格控制其范围内的用地和建设。对核心区内两侧不协调的建筑进行整治，重现历史街区的道路形态和主要空间格局。对保护的民居院落进行修复，落实保护措施及保护资金。

（3）对周围环境进行控制，减少人类生产与生活对核心区的影响，为以后的开发工作奠定基础。

（4）进一步加强山体绿化，对裸露的山体进行植被保护。

（5）对民俗文化公园周边居民点进行搬迁。

（6）设置文化遗产标示、界定、说明牌等。

（7）成立名镇保护委员会，针对规划要求的内容，制定合理有效的保护措施，以尽快落实保护工作，做好前期宣传工作，创造良好的保护氛围，促成社会各界的广泛参与。

2. 建设项目

（1）东大街入口地区的环境整治及建筑拆建，完成入口空间塑造。

（2）核心区环境整治，完善市政设施。

（3）利用弃置地及适当拆建形成公共活动空间体系，包括民俗文化公园现状周边人口疏散。

（4）恢复古十字街四层古堡——大炮楼。

（5）伯灵翁庙（瓷神庙）大殿复建。

（6）关帝庙恢复。

（7）邓禹楼、转角楼、王家大院院落环境整治。

（8）绿化工程。

3.时序安排及投资估算

表 4-10　近期投资估算表

序号	名称	年限	投资（万元）
1	东大街入口空间塑造	2011—2012	500
2	民俗文化公园人口疏散	2011—2015	800
3	古街改造	2011—2015	3000
5	陶瓷大市场	2011—2012	12000
6	市政设施	2011—2013	5000
7	伯灵翁庙、关帝庙	2011—2012	1000
8	邓禹楼、转角楼、王家大院	2011—2013	300
9	大炮楼恢复	2011—2014	800
10	绿化工程	2011—2015	1000
合计			24400

（二）远期计划（2016—2020）

远期是针对历史风貌的全面整理和市政工程的改造，使古镇拥有较佳的风貌，并创造旅游产业带动下的古镇保护模式，达到层次分明、人口适中、生活气息浓厚、旅游发展兴旺的目标。

具体项目包括以下几个。

（1）主要街巷的市政改造工程。

（2）核心区周边历史环境复原。

（3）古街立面整体改造工程。

（4）主要院落人口疏散、建筑拆建及维修，并挂牌对外开放，其他民居院落的环境整治。

（5）古钧窑遗址的保护、发掘工程详细策划。

十、规划实施保障措施

（一）建立健全古镇保护法律机制

以规划文本为依据，颁布符合神垕古镇保护特点的保护管理办法等法律规章，对古镇严格进行科学管理，核心保护区范围内所有建设活动均要求按法定程序办理报批手续。

建立有效的监控制度，及时反映和听取社会各阶层的意见和建议，及时掌握并预测保护发展的各种动态，有效地了解和把握信息。

制定城规民约，约束原住居民无序的建设行为，提高居民热爱遗产、保护遗产的意识。

（二）加强古镇保护的领导机制

建立古镇保护委员会，将古镇的保护提上议事日程。政府发布通告，明确规定古镇、核心区、协调区各级保护范围，并设立标志说明。

联系文物主管部门，负责对镇内有价值的古民居建筑、历史遗存进行评估，明确专人负责。

建议土地和规划主管部门负责对古镇的建设活动进行管理。

（三）加强古镇文化遗产管理，建立文化遗产保护档案

逐步建立古镇文化遗产保护档案，对古镇、古建筑实行分级保护，对不同价值的古建筑制定详细的保护档案，跟踪其变化，及时采取相应的保护措施。

着重对古镇文化进行研究、展示，对具有价值的古建筑及其历史风貌提出保护政策和鼓励措施。

（四）成立民间保护组织

成立各级保护协会，由古镇各个产权所有者、管理部门、文化团体和热心古镇保护事业的人士参加，同时聘请有关专家、学者担任顾问，指导保护和发展。

古镇保护协会的主要职能是：反映古镇各个方面的真实情况和意见；遵循古镇的各项保护规章，采取自律行为，相互监督；积极筹措保护资金，并监督保护专项基金的使用；组织开展古镇保护有关政策咨询和各种文化交流。

（五）培养保护管理人员和修缮队伍

对古镇的保护管理人员实施定期培训制度，培养稳定的技术管理队伍，保证古镇的保护性。

建设按照规划要求进行，同时对参与古建筑修缮维修的设计施工队伍进行资格审查，并确保古建筑的维修在专家指导下进行。

（六）保护和开发相结合、适度开发旅游

古镇的保护开发及资金筹集工作要推向市场，吸引社会各界参与古镇保护。利用神垕发展旅游的契机，以特有的人文资源推动旅游产业，发展旅游经济，带动地方经济的发展。但应该注意的是，旅游经济的适度发展应是在保护古镇的前提下，在合理的环境容量范围内，避免对古镇造成不可挽回的破坏。

第五章　河南石板岩乡的保护与转型

第一节　石板岩乡的调研分析

石板岩村落民居作为我国豫北建筑中一个独特类型，主要分布在当年因修建"红旗渠"而闻名中外的河南省林州市。林州市素有"鸡鸣闻三省"之称，石板岩乡就地处林州市西北部，位于太行山大峡谷之中。古时石板岩山道崎岖险峻，交通运输极为不便，人们靠肩挑手抬运送东西，山下的砖瓦很难运到山里，而贫瘠的石板岩也使多数村民没有足够财力买砖瓦建房。所以勤劳的人们就把塞满天地间的石头开采出来，建成称心的房子，这种房子在发展旅游业的今天，形成了自然独特的地方特色，形成一种极富地方文化魅力的建筑特色村。

本章节选取石板岩的盖楼村和草帽村为案例，对建筑特色、建筑材料、空间布局、公共服务设施、民俗文化、自然环境进行对比研究，结合实地案例的调查，采取图片、数据、问卷调查等形式进行分析，对保留部分传统建筑和整体风貌的古村镇提出保护和转型建议。

一、古村镇民居建筑调研分析

石板岩乡保存了许多古建筑，古建筑做法多是外墙用 500 毫米厚的石块掺石灰、泥土砌筑，二层高，屋顶坡度较缓，以石板错缝覆盖，其上用于晾晒谷物、玉米，如图 5-1 所示。

图 5-1 石板岩乡某古建筑

内平面部是木梁架承重，在橼子石板之间是当地人们称为"耙子"的结合层，由编织的谷杆掺泥土混合形成，既防止雨水渗透又能固定屋顶的石板。布局以一明两暗一字房，一正两横三合院及两正两横四合院这三种类型为主。其中一正两横三合院保留居多（图5-1），其形式紧凑，基本形式多做内向方形，堂、厢房、门屋、院墙等要素围绕方形形成封密式的内院。正屋多为三开间或五开间，尺寸在 8～12 米，进深 4～5.5 米不等；围合内院的堂，厢房多为二屋高，一般在 7～8 米，且堂略高于厢房。单元与单元之间的组合通过地形高差，预留过道拼接穿插而成。厕所多为公共厕所，分布在道路旁（图5-2、图 5-3）。

图 5-2 二层的正方与厢房

图 5-3 路旁公厕

（一）石板岩乡传统民居建筑的当代衍变

作为河南西北部山区的建筑的代表，石板岩乡传统民居从其性质和规模来说与平原朱仙镇等历史古镇相差甚远。建筑特色比较平淡。现今所存建筑中主体建筑为新中国成立后所建，少数为晚清和民国建筑。根据建筑年限及其形制大体可将当地建筑分为三代，其演变过程也可分为相应三步。

新中国成立以来，尤其是近几年来旅游业迅猛发展，当地建筑的衍变呈现区域性、快速性等特点。在经济潮流影响下的地区当地建筑多以第三代为主，或向第三代建筑衍变。而受旅游影响较小的地区的民居衍变速度和趋势依然以第二代民居为主。

1. 山区村落

以石板岩的盖楼泉村和草庙村为例，因其受旅游影响不同，传统民居建筑的当代衍变也呈现不同的特点（图 5-4）。

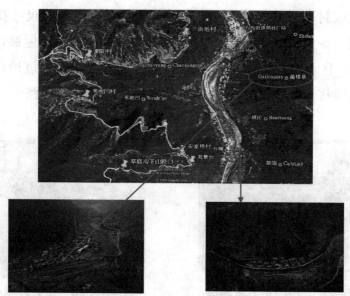

图 5-4　盖楼泉村整体呈现沿河分布的布局形态，草庙村沿山坡呈现阶梯状分布

2. 盖楼泉村

盖楼泉村位于林州市石板岩村的一个自然村，共有人口 150 余人，

在石板岩来说，算得上最大的自然村了。盖楼泉的由来，无可考证，但是这个名字确实富有诗意的。盖楼泉依山而建，依水而居，峡谷里的沟壑和溪流很清很美，映照着两面山的倒影。从石板岩大桥南端可以驾车进入这个村庄，只有走进村子，会发现很多原始的建筑依然存在。

3.草庙村

草庙村位于石板岩乡石桃路西侧山间。共有村民三十余户，村中有一明清时期的庙宇因此得名。村中原始民居保存良好。甚至有晚清的民居。掩映在青山间的草庙村，是当地和谐人居环境的代表。

（二）总体建筑概况

表5-1　三代建筑概况

代数	材料结构及建筑年限	平面构成及建筑选址	风格装饰及外部环境	图例
第一代	包括晚清至20世纪三四十年代的山地民居。多为板岩及砖坯结构，少数为全石结构。	平均进深大约为4.10米，开间8.5米，高约3.0米。由堂屋和厨房构成，多依山而建。山后建有预防泥石流及滑坡的短墙建筑。	少有装饰性的配饰，为图整洁，居民将砖坯部分涂为白色。在石墙上开有敬天礼佛的方孔。	

续表

代数	材料结构及建筑年限	平面构成及建筑选址	风格装饰及外部环境	图例
第二代	建筑年限从20年至50年不等。全为板岩结构。形制为二层建筑。一二层间有木质横梁加木板隔断。	平均进深4.5米，开间13.0米，高约6.8米，分为二层，一层住人，二层储物。	在外墙上除有敬神的神位，有少许瓦片构成的简单装饰。	
第三代	建筑年限少于30年。以砖结构，或砖石混合结构为主。多为三层以上建筑。选址多靠近公路。	平均进深5.5米，开间13.0米，高约7米。多为农家乐或旅店性质。故主要房间为卧室。无风格可言。	有装饰用的琉璃瓦及现代化的室内装饰。	

（三）村落建筑现状

1.盖楼泉村建筑现状

盖楼泉村现以第三代民居为主，约占全村建筑的45%，以农家乐和新式民居为主，第二代建筑以民居为主，约占全村建筑的30%，这批二代建筑如今保存较为完好，多数仍在使用。一代民居约占全村建筑的25%，多数已经废弃，保护情况令人担忧。

2.草庙村建筑现状

草庙村位于山腰，规划成本要大于盖楼泉村，因此草庙村规划层度很低，全村主体建筑以较为自由的一二代建筑为主，约占全村总建筑量的90%。

在旅游业带来的刺激中草庙村主要为游客提供山货，而非住宿，所以三代建筑在草庙村极少。因为还有人居住，所以草庙村第一代建筑保护的相当不错。有120年依然在使用的民居。第二代建筑的村中民居主体也使用良好。

（四）三代院落布局

1.一代建筑

包括晚清至20世纪三四十年代的山地民居。多为板岩及砖坯结构。少数为全石结构。由堂屋和厨房构成，多依山而建。窗户及房门开在房屋一侧。采光极差，民居整体少有装饰性的配饰，为了整洁，居民将砖坯部分涂为白色。在石墙上开有敬天礼佛的方孔（图5-5）。

图 5-5　一代建筑

一代民居平均进深大约为 4.10 米，开间 8.5 米，高约 3.0 米（一层）。室内面积极小，采光差。多数一代建筑破败不堪。

2.二代建筑

建筑使用年限从 20 年至 50 年不等，全为板岩结构。形制为二层建筑，一二层间有木质横梁加木板隔断（图 5-6）。

图 5-6　二代建筑

为使建筑整体美观整洁，居民将砖坯部分涂为白色。在石墙上开有敬天礼佛的方孔。二代民居所用石块较之一代民居更加的齐整。室内面积也有扩大（图 5-7）。

图 5-7 二代民居一层平面图

3. 三代建筑

图 5-8 为三代建筑内景图。

图 5-8 三代建筑内景

（五）特殊建筑

石板岩扁担精神纪念馆位于石板岩镇。石板岩供销合作社是在 1946 年由"一根扁担创家业"而建立起来的，50 多年来，始终坚持全心全意为群众服务、为群众谋利益的宗旨，扎根山区，建设山区，被群众誉为"山里人心上的供销社"。

闻名天下的扁担精神在历史的沉积下，已经成为一种传承，不仅与林州山区的文化融为一体，而且始终向世人展示着艰苦卓绝的精神，树立着不懈努力的典范。而林州市石板岩供销社正是扁担精神的发源地。

（六）古建保护与更新和平原地区的差别

安阳石板岩乡的居民结构和居民布局，是典型的山区居民形态，由于山民与平原农民生活习惯上的较大差异，所以典型的石板岩居民与平原居民差异较大。

1.建筑材料

石板岩一二代民居主要建筑材料为板岩，整体较少或没有装饰，地面多为夯土。平原居民主要使用砖瓦等烧制材料。建筑整体有较多的装饰，室内有简单装修。地面使用青砖或水泥硬化。

2.建筑形式与结构

图5-9为石板岩典型的民族建筑结构示意图。

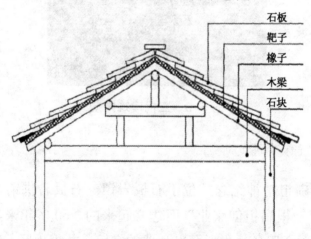

图5-9 石板岩典型民居建筑结构

较厚的墙体限制了房屋的内部空间，另外导致了门窗较少，院落布局中墙体围合出院子，厢房多为厨房及储物间。在平原地区民居中，由于砖瓦的大量使用，建筑形式更加活泼，室内空间更大，门窗较多。厢房多为客房，整体多为两屋式平房。

3.村落民居布局

山区和平原地区由于耕作及生活习惯的不同，两地自然村落布局也较大。总体来说，山区村落布局混乱，而平原山区比较严整，就细节来说，还有以下几点。

（1）山区民居的房屋，多建在地势较平坦的山坡。而平原民居，在选址上无要求。

（2）山区民居与耕地距离较近，而平原地区自然村落居住地与耕作区是分离的。

（3）由于山区特殊的地形和文化，山民在选址时往往考虑风水。如"背山面水，南方生火，北方生水"等，在平原地区对此要求不高。

二、石板岩空间格局调研分析

（一）石板岩空间格局

石板岩乡共分十七个大队，石板岩的空间格局依地势而建，主要呈带状、块状分布，本书主要调研的是盖楼泉村和东湾村，它们是石板岩乡中的两个小村落。盖楼泉村的格局特色是，村落整体依山而建，道路交通行较为单一，但支路、分岔路较多。东湾村的格局特色是，村落整体依山而建，但村落整体稍加规划过，故而形成老区、新区、农田种植区三个体块。

（二）石板岩独特地理环境

石板岩乡的各村落大部分是背山面水而建，地域性较为明显（图5-10、图5-11）。

图 5-10　南太行山东麓的林州市安阳石板岩　图 5-11　南太行山东麓林州市安阳石板岩

（三）整体布局选址于此的人文因素

自村民们迁徙至此，世世代代定居下来，用当地特色的石板岩铸就而成具有这一地域特色的石板岩乡。

（四）交通区位

此次调研石板岩镇以盖楼泉村和东湾村为主，两村都位于石桃线东侧。该区域道路简单，北临石板岩乡，南侧有王相岩等旅游景点（图5-12、图 5-13）。

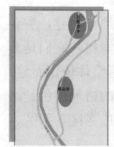 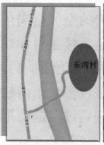 

图 5-12　盖楼泉村和东湾村交通区　　　　图 5-13　石板岩乡卫星图

（五）村庄整体区位形态

从体制上来讲，村落是乡镇辖区内的一个行政区划。

从空间上来讲，村落是乡镇空间的一个层次或节点。由于地域性经济发展的差距，村落及乡镇呈现多元化结构，并展示出多样化的规划布局形式。

1. 空间形态

关键词：两个轴、四个点、呈带状形。

盖楼泉村房屋大致分为三个阶梯，呈带状依山而建。由一条主路位于村庄最低面贯通全村成为主干道（宽 4 米）、一条辅道（宽 2.3 米）连接二三阶梯的房屋，大体将村庄划分为三块。村庄内部有四个节点成为村庄阶梯带相连的主要交叉口（图 5-14、图 5-15）。

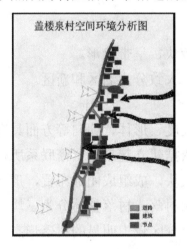

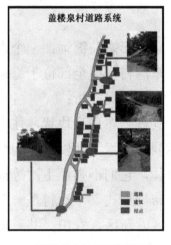

图 5-14　盖楼泉村道路系统　　图 5-15　盖楼泉村村落整体图

2. 规划布局

（1）自由式布局

规划布局分析：

各种基本布局形式，在实际操作中常常以一种形式为主，兼容多种形式，形成组合式或自由式布局。

在村落整体布局的构架中，道路系统起着骨架作用。道路、农田与占主导地位、比重量大的住宅群体，紧密结合地理条件和环境特点，构成村落整体。

道路系统是根据地形、气候、用地规模、周围环境以及当地村民出行方式与规律，结合村落的结构和布局来确定的。要求具备实用、安全、经济等客观条件。

（2）轴线式布局

空间轴线或可见或不可见，可见者常为线性的道路、绿带、水体等构成，但不论轴线的虚实，都具有强烈的聚集性和导向性。一定的空间要素沿轴布置，或对称，或均衡，形成具有节奏的空间序列，起着支配全局的作用。

（六）东湾村

空间形态关键词：一个点、三个版块、呈带状形。

东湾村房屋全部位于道路的右侧，大致分为老区和新区。

规划布局分析：

其规划布局为块状，住宅建筑在尺度、形体、朝向等方面具有较多相同的因素，并以日照间距为主要依据建立起来的紧密联系所构成的群体，它们不强调主次等级、成片成块，成组成团地布置，形成片块式布局形式。东湾村是一个规划过的村落，村落整体分为三块，分为老区、新区、农田，共三块，是一个分区较为明显的村落形态（图5-16）。

图 5-16　东湾村的村落形态

（七）街巷空间

1. 街巷空间及其比例关系

就空间界定而言，当一个空间完全由实体界定的时候，它是相对封闭的，具有排斥性和内敛性，属于消极的空间。而当一条道路由非完全实体界面界定时，它是相对积极的，具有接纳性和外延性，属于积极的空间。

2. 公共空间中的积极空间

公共空间中的积极空间见图 5-17、图 5-18。

图 5-17　东湾村积极公共空间　　图 5-18　盖楼泉村公共积极空间

3. 盖楼泉村公共空间中的消极空间

盖楼泉村公共空间中的消极空间见图 5-19。

图 5-19　盖楼泉村公共空间中的消极空间

4.盖楼泉村街巷空间比例关系及空间属性

盖楼泉村街巷空间比例关系及空间属性见图 5-20。

图 5-20　盖楼泉村街巷空间比例关系及空间属性

5.老房区街巷比例尺度

东湾村街巷空间比例关系及空间属性见图 5-21。

图 5-21　老房区街巷比例尺度

6.街巷变化空间

（1）点状的街巷变化空间

盖楼泉村四个主要节点中的第一、二、四个节点均为点状的变化空间。

（2）线性的街巷变化空间

盖楼泉村的第三个节点的变化空间为线性的变化空间，第三个节点的街道入口处，首先通过一个公共休息区，继而通过一个路面宽度约为 1.8 米的窄巷，其纵深空间的变化形态较为丰富，不同的尺度及其周边建筑的围合，给人带来不同空间感受。通过用房屋围合的窄巷，从而动区与静区进行彼此分隔和彼此相连，给人的感受也是因环境而变得有所不同（图 5-22 至图 5-26）。

图 5-22 石板岩镇的街巷空间

图 5-23 石桃线近石板岩希望小学处的街巷空间

图 5-24 盖楼泉村当地村民聚在主街边聊天

7. 公共空间

图 5-25　村内公共空间

图 5-26　石板岩镇公共空间

8. 交往空间

（1）交往行为

在乡村中，居民交往行为较为单一，一般为在自家庭院或街巷聊天交流或在农田耕作交流（图 5-27）。

图 5-27 盖楼泉村口处街巷聊天交流照片

（2）具体交往空间

盖楼泉村除居民住宅区外，只有一家商店。无休闲设施和娱乐设施，休闲空间基本以街巷及街巷边缘石凳座椅围成的区域或在自家庭院为主（图 5-28）。

图 5-28 废弃的休息交往场所和仍在使用的公共交往场所

当地村民对公共娱乐设施及休闲娱乐场所不太满意，认为设施相对缺乏，只有镇上有一处公共娱乐设施，并且，不常有人去，使用率较低。

生活服务设施基本聚集在镇上，大部分盖楼泉村民认为其相对便利。

9. 节点

（1）盖楼泉村节点空间

a. 第一个节点

此节点是一个交通性的节点，作用类似于城市的二级道路，起分流的作用。从此节点开始的整条路贯穿整个村庄，是一个十分重要的交通节点，此条路是村民出行的主要道路之一。整条路连接村落的各条小路和入户路，是该村复杂路网的重要组成部分。

此节点距离主路较近，交通便利，但是由于高出主路八米左右，所以坡度较大，不方便车子的进出（图5-29）。

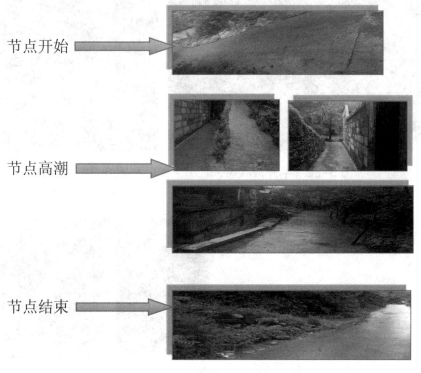

图5-29　节点的开始、高潮、结束

b. 第二个节点

节点分析：此结点为交通型结点。但在结点的开端，有一部分属于入户空间，使入户空间成为半开放状态。利用高差起落的方式使入户路和支路分离，从而完成入户门口的私密性（图5-30至5-33）。

图5-30　高差起落图　　　　5-31　入户路与支路分离

图5-32　半开放状态　　　　图5-33　交通型节点

c. 第三个节点

节点开始

图5-34　节点开始

第三个节点的空间形态较为独特，整体节点空间呈线性变化，纵深空间较为丰富，给予其内部环境充分的私密性。此节点的过渡性表现在，此节点的起点是盖楼泉村唯一商店——具有100多年古建筑改成的"峪谷超市"，此处是一个小型的村民聚集点，空间较为开阔，方便当地村民开车去超市买东西，同时，此处空间周边沿路设有石凳，将空间巧妙围合，当地村民晚饭后或农闲时，就聚集在此聊天。同时，商店门口设立了一个公用洗水池，方便来此写生的学生们进行水粉颜料的涮洗。

此处节点是动区，以人群的聚集处作为节点的开始（图5-34）。

节点高潮

图5-35　第三个节点高潮

节点高潮（图5-35）分析：

由两侧房屋围合而成一条路面宽约1.5米至1.8米的窄巷，达到动静的结合，此处的视野由宽阔向狭窄转变，并再次由狭窄转变为宽阔。这一系列的线性变化，在带给人以丰富的视觉的同时，也给人动静感觉上的转变。

同时，在这一节点的道路层次上较为丰富，一条由下往上的水泥路由三处路口将空间分为了三个层次。

节点结束：

图 5-36　第三个节点结束

以居民住宅作为近端路的结束形态，以连接另一条支路作为其岔路的空间形态（图 5-36）。

d. 第四个节点

节点分析：

此节点为交通型节点，主要由辅路和入户路构成。辅路宽度为 1.7 米至 2.0 米，入户路为 1.6 米至 1.8 米。此节点联系了 4 户人家。但是这个节点上入户路直接有高度差，和当地地形有关。

形成的节点为 Y 字形。乡村的道路节点与城市道路节点相比，显得无序性。此节点没有经过统一规划，只是依据地形而建。道路的宽度也会给人以压抑感。而道路两旁的景观也没有经过统一的绿化及绿化规划（图 5-37）。

图 5-37　第四个交通型节点

（2）节点彼此间距离

沿着主路，第一个节点入口处距离第二个节点入口处约 172 步，第二个节点入口处距离第三个节点入口处约 137 步，第三个节点入口处距离第四个节点入口处约 122 步，第四个节点入口处距离村落主路上最边缘住户门口约 178 步。

盖楼泉的节点均为交通型节点，用于连接主路与支路和入户路。主路宽度 2.9 米到 3.2 米，支路宽度 1.9 米到 2.2 米，入户路宽度为 1.6 米到 2.1 米。

（3）东湾村节点空间

东湾村节点多为交通型节点（图 5-38）。东湾村成点块状分布，有经过统一的规划，分为老房区、新房区和田地。新房区的房子有经过统一规划，大部分都为长 15 米，宽 13 米。

图 5-38　东湾村节点空间

（4）石板岩镇（中心区）节点空间

石板岩镇的节点空间见图5-39。

图5-39　石板岩镇节点空间

10.标志物

标志物是点状参考物，作为一种地标，在人们对城乡意象的形成中用作确定身份和结构的线索（图5-40至5-43）。

图5-40　千年古树　　　图5-41　古树　　　图5-42 储物库

图5-43　盖楼泉村全村唯一峪谷超市

11. 交通与道路调查

（1）交通情况

地处山区，由乡村公路连接，石桃线贯穿石板岩镇，距国道较远。

（2）出行目的

种地、赶集、看病、串访亲戚等。

（3）出行方式

走路、骑自行车、骑摩托车、开车（镇上较宽裕的居民有私家车）、乘客运车等。

12. 道路现状评价与改善

现状：中等。

评价：每当汛期，石板岩镇与盖楼泉村的越河支路，会有不同程度的交通阻碍，河水的水势上涨，会淹过道路，造成河两岸的交通阻碍。根据实地调研发现，除了石板岩镇入口处的一座大桥之外，包括东湾村等地，修建的均是越河道路来连接河两岸。

改善：修建适当尺寸的交通桥梁，或者增建适当的保护措施。

三、人居环境调研

（一）关于教育设施

1. 教育设施的使用现状

石板岩乡存在三种选择教育机构的方式，分别为：当地中小学，外地中小学，及其他（包括家中没有孩子的、有孩子但没有到年龄接受教育的，有孩子但已经完成教育的）。图5-44为石板岩乡教育方式选择分布图。

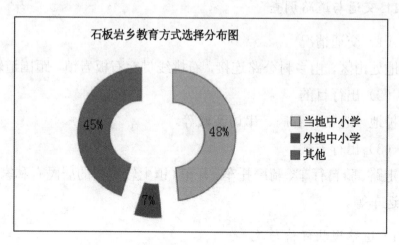

图 5-44　石板岩乡教育方式选择分布图

在本次问卷调查中，45%的村民选择其他，48%的村民选择当地中小学接受教育，7%的村民选择外地的中小学接受教育。48%选择接受当地中小学教育的家庭的主体是当地未利用到旅游资源的村民，他们的家基本就在本地；7%选择受外地中小学教育的家庭主体多数是能够有效利用到旅游资源的个体业主，他们大都在市里拥有房子，并且仅在旅游旺季期间才回到当地生活。

结论分析：

这些数据表明石板岩乡村民以选择当地教育为主，当地人的教育选择与他们的收入水平以及能否有效地利用到当地旅游资源有着极大的关系。家庭经济条件好的村民倾向于将孩子送到教育条件更好的学校，而大多数经济条件一般的家庭则只能把孩子送入当地学校。

2. 教育设施的分析

石板岩乡设有希望小学（图 5-45），但其教学质量与设施布置均不够完善，只能招收小学一、二年级。

图 5-45　石板岩乡希望小学

（1）当地设施较完善的林州八中所处区位比较偏远，辐射周围19 个行政村，最远辐射距离到达高家台村、上平村（距学校 30 ～ 40千米）。

校内设小学与初中教育，每班学生 30 至 40 人，全校教师 100 人左右；开课情况正常。学生以住校生为主，该学校拥有一辆校车，校车用以接送四年级及其以下距学校较远的学生，一周两次，单次承载20 人左右，但仍有十几个学生因家偏离马路而无法享受校车接送。

（2）学校距离人口的聚集地较远，学生上学不方便；据当地村民反映，校车有时并没有正常接送当地学生；当地教育仅局限于小、初教育，教育层次不高；学校食堂正在构建，预计暑期后开学能够投入使用。

（3）当地学校学生的数量正在逐渐减少，原因是部分学生选择了教育条件更好的外地学校就读。

建议：

提高当地教育水平，吸引当地生源；确保对偏远地区孩子的安全接送。

（二）关于医疗卫生设施

1. 医疗卫生设施的使用现状

经过多次的实地考察、走访，我们基本确定了石板岩乡医疗卫生服务机构的分布点。石板岩乡内没有大型的医院，只有一个简单的石板岩卫生院，及村内小型诊所（图 5-46）。

图 5-46　石板岩卫生院

图 5-47 为石板岩乡小病就医方式选择分布图。

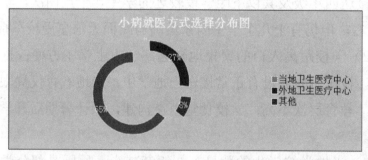

图 5-47　小病就医方式选择分布图

在本次问卷调查中，65%的村民选择当地卫生院就医；27%的村民选择到外地卫生机构治疗；8%的村民选择其他就医方式。

数据分析：

从以上图表数据分析可以得出，当地的石板岩卫生院基本能够满足当地村民的就医需要。

2.医疗卫生设施分析

从城乡规划的角度考虑，当地卫生医疗站点的数量偏少，村民就医并不便捷。

（1）当地仅有的一家石板岩卫生院覆盖附近17个行政村，最远辐射范围为40～50千米；共有30个床位左右，十几个常住床位；石板岩卫生院共有18名在职员工；内设有内科、外科、妇科、儿科共四个科室；拥有一辆救护车。

（2）石板岩卫生院仅能解决一些常见病，完成一些小型手术（手术现在大多不做了）。

（3）石板岩卫生院正拆掉部分旧楼，兴建新楼。

（4）周围村民患病多来此卫生院就诊，村民反映常见病基本能够得到解决。

建议：

医院加强对一些急病的紧急处理以节约去大型医院的时间。

（三）关于商业服务设施

1.商业服务设施的使用现状

经过多次的实地考察、走访，确定了石板岩乡商业服务的分布点，据统计共有多家杂货店、多家小型超市、一家中国邮政、一家联通营业厅、两家小型菜店、一家复印店、一个移动菜铺等商业服务设施（表5-2）。

表5-2　商业服务设施统计表

名称	图片	方位	数量	主要服务人群
中国邮政		石板岩镇上	1	当地居民

续表

名称	图片	方位	数量	主要服务人群
小型菜店		石板岩镇上		当地居民
移动菜铺		沿公路村庄	一周一次	当地居民
复印店		石板岩镇上	1	当地居民和游客
小型超市		村庄中和旅游区附近		当地居民和游客
路边摊贩		旅游区附近		游客
手机营业厅		石板岩镇上	2	当地居民
农家乐		沿公路两侧，处在旅游区附近		游客
银行		石板岩镇上	1	当地居民
理发馆		石板岩镇上	1	当地居民

2. 商业服务设施的分析

《镇规范》要求中心镇的商业金融设施应该包括：百货店、食品店、超市、日杂商、药店、文化用品店、书店、综合商店、宾馆、旅店、理发馆、浴室、照相馆、综合服务机构、银行、信用社、保险机构等。石板岩的商业服务设施基本符合国家规范，但服务设施的数量存在明显不足，且商业服务设施的分布存在明显的不合理。尽管当地的商业服务设施能够基本满足当地人生活的基本需求，但是较广的服务辐射范围给当地距离服务设施较远的居民带来了诸多的不便。

数据分析：

（1）商业服务设施多集中于镇上，分布不够合理，缺乏统一的规范与管理，部分商店仍在销售过期的商品。

（2）由于当地旅游业的开发，当地村民的人均耕地较旅游开发前有所减少，日常所需食材需从菜店或菜市场购买的量增多。

建议：

当地政府对商店进行统一管理，规范当地商业经营。

（四）关于公共娱乐服务设施

1. 关于市政公用设施

（1）市政公用设施的使用现状

a. 垃圾点

图 5-48　垃圾点与垃圾车

垃圾点分布在沿边公路和附近村庄中，垃圾车每日进行清理（图5-48）。

b. 城际公交上车点

城际公交上车点多沿公路分布在人口较多的村庄中，每日有五六趟车经过。

c. 旅游点公厕

公共厕所位于旅游区，主要服务对象是游客（图5-49）。

图5-49　旅游点公厕

村庄中每家每户都建有自己的厕所，对于普通的农家来说，粪便多作为肥料施于农田。

当地农家乐等个体餐饮，自己修建排水管道，将未经处理的污水直接排入河道中。

建议：

政府应该完善当地的市政公用基础设施，修建统一、完善的污水及粪便处理系统。

（2）市政公用设施的分析

根据多次实地调研，我们发现当地的基础设施不够完善，缺乏统一的生活污水和粪便的处理系统和其他一些基础设施。

2. 关于文化体育活动设施

（1）文化体育活动设施的使用现状

石板岩乡文体活动设施使用率不高，主要是该村的孩子在使用，成年人基本不使用该设施。村民娱乐单一，主要是以聊天为主（图5-50）。

图 5-50　石板岩文体活动设施

（2）文化体育活动设施的分析

大多数村庄缺乏文体设施，有该设施的村庄也因设施离村庄较远，周围居民较少，因而使用率不高。

建议：

在村庄中的居民集中点修建公共娱乐设施，丰富村民的娱乐方式。

（五）行政办公用地

图 5-51　石板岩乡的行政办公用地

1. 行政办公用地的概念

"行政办公用地"将原国标"行政办公用地"缩小范围，仅包括党政机关、社会团体、事业单位、群众自治组织等非营利性设施用地，市场经济体制下转轨为商务办公的设施用地则归入本标准分类的"商务设施用地"中。

2. 行政办公用地的分布区间

石板岩乡的行政办公用地主要集中在石板岩镇上（图 5-51）。

（六）石板岩乡的民俗文化特色

1. 民俗风情

由于石板岩古镇处于山区且为移民社会，其民俗风情不同于其他乡镇，又融合了各地的特点。临街的墙面全部是红石板贴就，干净朴实的青石街道古色古韵，大峡谷民俗风情古镇呼之欲出。在饮食方面，其特产有：山楂、板栗、小米、核桃、蜂蜜等；在精神方面，石板岩供销合作社靠着一根扁担，翻山越岭，走村串乡，全力服务当地群众的生产与生活，创造出了闻名全国的"艰苦奋斗、勤俭办社、一心为民、开拓创新"的扁担精神，为全国供销合作社系统的发展树立了一面旗帜（图 5-52 至图 5-54）。

图 5-52　水库移民　　　图 5-53　青石街道　　　图 5-54 扁担精神

2. 传统民间活动

石板岩古镇的民间活动丰富多彩，既有我国民间传统的文化活动，如秧歌、扇子舞、舞蹈、锣鼓、民乐等，又有石板岩乡桃花洞村和高家台村经常举办的"打花棍"传统民间艺术表演。这些传统活动大部分仍流传不已，逢年过节，热闹非凡。

3. 传统技艺

石板岩古镇的传统技术融合在村民的日常生活、生产中，以此为代表的就是老粗布的纺织技术。老粗布是太行山老百姓手工纺织的棉织品，其系列产品包括寝具套件、粗布衬衣等，由当地织户用传统工艺制作。

（七）深度访谈

1. 村民对古镇改造的态度

图 5-55 为石板岩乡村民对于古镇改建所持的态度统计表。

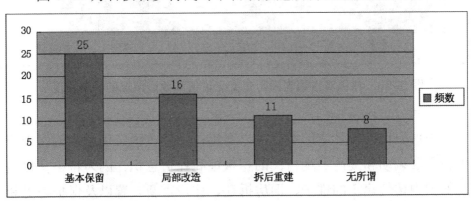

图 5-55　村民对于古镇改造所持的态度统计表

图表分析：

在接受采访的 55 位村民中，有 16 位村民认为这些老房子都这么破旧了，还留着干什么呢？也有 11 人向往该居住区拆迁，这样可以得到一定的拆迁安置费。在调查中也发现，有25位居民认为老房子被拆迁了实在可惜，但他们却并不知道怎样保护这些传统的建筑，更不知道如何利用其特殊的历史文化环境来维护自身的利益。

建议：

（1）政府部门在思想认识上对居民加以引导，使其意识到古镇民居的重要性；

（2）同时政府也向居民提供一定保护民居的可行性办法和策略。

2. 村民对古镇改造的了解

图 5-56 为石板岩乡村民对古镇老街历史文化价值和改造情况的了解程度。

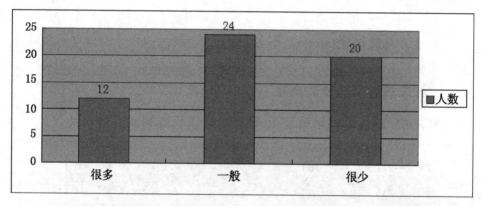

图 5-56　村民对古镇老街历史文化价值和改造情况的了解程度

图表分析：

由调研问卷统计出的数据可以得出：当地古镇文化遗产的保护与更新需要调动和提高当地村民的积极性和保护意识。因为古镇文化遗产保护中传统建筑的维护、旧房拆迁、住户重新安置以及保护与更新计划的执行等诸多方面，均与保护主体——村民的生活和利益息息相关。而在当前大多数村民只关心自家的住房条件，无意或无力参与保护或古镇整体环境的维护的前提下，是无法保障古镇保护的持续发展的。因此提高村民对古镇老街历史文化价值和改造情况的了解程度势在必行。

建议：

（1）古镇文化遗产的保护应该充分尊重居民的权利、习惯和价值取向，充分反映古镇居民的共同利益和目标。

（2）加强村民和公众参与古镇文化遗产保护的方式和途径，使古镇文化遗产保护真正成为深入民心的事业。

（3）政府宜以发展的眼光，形成开放的社区结构，集合社区的人力资源，积极培育社会资本，透过社区总体营造凝聚共识，推动非政府机构、社会团体、文化人士以及社区的参与，扩大区域影响力，防止再利用过程中出现过度商业化，以迎合古镇传统聚落的传承与发展。

3. 改造后的住地选择

图 5-57 是老街进行改造后的住地选择统计。

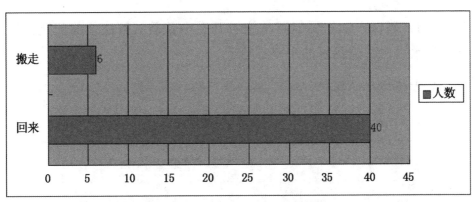

图 5-57　老街进行改造后的住地选择统计

图表分析：

根据问卷调查的统计，我们发现：老龄段的人更愿意选择留在老街，而年轻人则更愿意选择走出去。我国现在正处于经济高速发展的阶段，以工业化和城市化为主要手段的经济发展手段的经济发展方式使得城市成为主要的受益者，城市与农村在社会、经济等方面的两极分化特征日益明显。面对城市在就业机会和收入方面的巨大优势，大量农村人口向城市集聚，直接导致了农村人口、特别是青壮年人口减少，这种现象在古镇为更明显，因而古镇出现了"空心化"趋势。古镇由于受到历史文化保护的各种限制，发展缓慢，衰败不可避免。因此，在我国城市经济和城市化水平不断提高的背景下，古镇存在着与城市争夺人口、避免消亡的压力。

建议：

（1）寻找协调的乡村旅游经济发展途径，应以村落群体为基础，依据各个村落的资源条件，塑造村落特点，并结合村落保护与建设需求，设置旅游项目和建设完善的旅游设施，强化古镇作为旅游目的地的景观价值，并将此化为吸引力。

（2）能够向游客提供与城市生活不同的物质和精神体验，其中包括有异于城市的文化特征、村落风貌、生活习俗、饮食结构、相关旅游产品等等。

（3）确保古镇居民能够从旅游开发中获益，解决就业问题，提高生活水平，营造良好的生活环境。

4. 古镇文化的保护程度

图 5-58 是古镇文化遗产的保护程度统计。

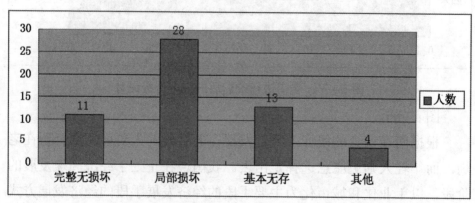

图 5-58　古镇文化遗产的保护程度统计

图表分析：

据问卷调查的数据可以得出：当地古镇文化遗产保护的意识亟待提高。其中包括相关保护单位对保护工作认识不到位，保护意识薄弱，不能妥善处理古镇文化遗产保护与发展的关系，没有认识到在调整经济结构、转变经济增长方式的关键时期，历史古镇文化遗产是巨大的财富，而不是包袱。其次，历史建筑年久失修，破旧老化，基础设施不够完善，但由于经济比较落后，一时难以改善，保护工作面临实际困难。

建议：

（1）进一步健全各项有关古镇文化遗产保护的法律、规章和技术规定，使其成为我们进行保护工作的有力武器。

（2）逐步加强动态管理的内容，建立历史古镇文化遗产保护档案和动态监管信息系统，对遗存的保护状况和规划实施情况进行监督。

（3）做好历史古镇文化遗产保护的规划，它是做好保护和管理工作的重要依据，应把保护规划纳入城乡规划的制定和实施体系中，充分发挥城乡规划的调控作用。

（4）应加大保护资金的投入，调动政府、社会组织和个人的多重积极性，鼓励社会团体和个人的资助。

（八）自然环境所面临的问题

1. 传统生活习惯所导致的问题

当地居民仍沿用原始的伐木烧火的生活习惯，尽管政府已经明令禁止，但收效甚微，只有农家乐等大型餐馆使用煤炭作为燃料，绝大多居民依然使用木质燃料。

2. 旅游破坏

游客带来经济效益的同时也带来了大量的垃圾，其中部分垃圾被随意丢入河中，污染了当地的水源。

3. 基础设施不完善

该区没有统一的污水处理系统，农家乐等个体餐饮户大都自己修建排水管道，生活污水未经处理直接排入河道中，严重污染了当地的水源。

4. 旅游开发对环境造成的影响

（1）旅游开发对自然环境的影响

图 5-59 是旅游开发对自然环境的影响统计。

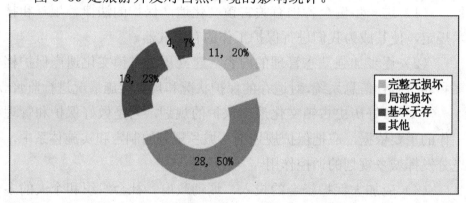

图 5-59　旅游开发对自然环境的影响统计

图表分析：

73% 的居民认为旅游开发给当地自然环境带来了破坏，其中最为突出的破坏是：游客随手乱扔垃圾以及农家乐生活污水的任意排放，这些都给当地环境带来了极大的危害。

建议：

重视古镇软环境建设，突出历史古镇文化遗产保护的特殊性。

（2）旅游开发对人文环境的影响

随着当地生活水平的提高，很多家庭都在兴建房屋，这使得很多具有本地特色的石头材质房屋数量不断减少；其次，随着旅游的开发，当地政府对具有当地特色的房屋建筑进行了保护，从而避免了当地特色建筑的消失。

第二节 调研总结与保护转型的建议

一、现状总结

通过实地观察、问卷调查、深入访谈、数据分析，我们对古村镇文化保护与更新进行了相关的总结。

（一）在古镇建筑方面

在石板岩乡千百年的自然经济推动下，当地民居发展出了独特的风格，当然在旅游业的推动下，当地出现了第三代建筑形式。在当地民居中，二、三代建筑间有较大的断层，就建筑形式上来说，三代建筑更接近平原的居民。

典型的一二代石板岩民居显然在与自然和谐统一方面做得更好。较好地表达了石板岩山区文化中天人合一的思想，认识到其作为民居的不足之处，但更要看到其作为一种特殊文化形式的优秀载体，对石板岩地区文化传承的重要意义。所以有必要进行保护，但要注意在保护的同时要注重建筑和环境的协同性。如果不能共同和保护则意义就会减弱许多。

（二）在空间格局方面

经过这次调研发现，在经济快速发展、城市建设日益完善的今天，乡村的道路仍有需要人们去修建的地方。对于石板岩地区，因地处山区，许多建筑以及道路依山而建。才用多为分层带状式或者分片式形态出现。而对于农村地区，经济相对落后，其公共活动空间多为房前屋后以及标志建筑，这适用于当地的民风民俗，也是我们应当修建保护的地方。山区的节点空间比较单一，大多为交通性质的节点，而有些节点会因为自然因素遭到破坏。针对这一现象，应该多修建保护设备以抵制自然因素，方便村民的出行以及正常的活动。交通带动发展，一个越发达的地区其节点的种类越多越完善。通过交通，让石板岩镇的人"走"出去，富裕起来，这才是我们研究的目的，这也是中国梦的一部分。

（三）在人居环境方面

当前，中国经历了大规模的经济建设和城乡建设，经济的快速发展带来了城乡的巨大变化，但由于建设的不当也使城乡中的文化遗产遭到相当严重的破坏，而相对而言：历史文化古镇中的文化遗产还有相当多的留存，也就亟待人们去抢救保护。

二、建议

（一）在建筑方面

在古建筑保护与更新过程中，不能只着眼于民居的保护与改造。因为当地的自然环境是传统民居的合理外延。而民居更是自然人文环境的精神内核。如果要提升新民居，则应该在二代民居基础上，对民居及自然环境进行整体的提升。若要保护现存民居，则应将之与自然外部环境，耕地及山水环境一同保护。在这基础上合理划分地区，营造第三代建筑群，以此发展旅游业。

（二）在空间格局方面

保护其原真性：（1）保护传统历史建筑，在不破坏古村落原有建筑肌理上，外部维护其原貌，局部改造其内部设施，让建筑更好地满足人的生活需要，推动现代生态村落的建设和人居环境的可持续发展，推进和谐新农村建设。（2）维护空间格局肌理，空间的格局与肌理共同构成了石板岩地区的风貌，是当地特色与时代特色相结合的产物，应少开发，保护其原始的空间肌理，保护其周边山的绿色自然肌理。（3）优化天际轮廓，由于地形所致，其天际线起伏多变，天际线层次分明。应避免高层建筑出现，保护其原生态的天际轮廓线。

在更新方面：盖楼泉村的越河通道和东湾村的越河通道，每当汛期一到，河水上涨，就会淹过道路，造成两岸交通阻塞，阻碍河两岸居民的交通，给当地村民的出行带来不便，而且，强行过河，又没有栏杆等防护措施，一定程度上威胁到当地村民的安全（图5-60、图5-61）。

图5-60　盖楼泉村被水淹后道路情况　　图5-61 东湾村被水淹后道路情况

具体建议：

（1）完善道路，修建良好的道路空间。搭建桥梁，方便村民出行，保护其安全，同时保证通常的道路空间。

（2）公共节点空间是人们休闲空间，也是各个功能区的连接空间。对于东湾村的千年古树进行保护修建，使其成为人群聚集地、标志性象征物和第一印象区。

（3）旅游造血活化。古镇物质空间的改善只有同产业业态的发展同时并举才能留住街区居民，维系街区的持续发展，既要恢复街区组织器官机能，还要塑造其维持生机的造血机制。针对王相岩景区，为塑造宜人的旅游空间，应在完善水电气、交通通讯、医疗、绿化及消防等防灾体系基础上，统一设置路灯、垃圾桶、道路及景点指示牌和介绍牌等街道景观。

（三）在人居环境方面

（1）进一步健全各项有关古镇文化遗产保护的法律、规章和技术规定。在经济高速发展的今天，历史古镇文化遗产的保护必须依靠国家的强制保护制度才能避免各种人为的破坏。

（2）历史古镇文化遗产保护与城市文化遗产保护存在诸多的相似性，因此历史古镇文化遗产的保护可以借鉴历史文化名城的保护方法，即：保护文物古迹和历史地段；保护和延续历史格局和风貌特色；继承和发扬优秀历史文化传统。

（3）物质文化遗产保护与非物质文化遗产保护应双管齐下。从保护的侧重点来讲，对于历史古镇文化遗产保护不仅要注重物质遗产的保护，也需注重非物质文化遗产的保护，保护好非物质文化遗产的表现形式和空间文化，保护他们各种物质载体。

（4）处理好保护与发展间的关系，即：我们既要保护好历史古镇文化遗产，也要努力开辟出新的经济增长点，切实改善居民的生活质量，完善各项基础设施。深入挖掘历史古镇文化遗产的特色，充分展示富有地方色彩的传统文化和民俗活动。

（5）目前国家的税收政策，对保护文化遗产的捐助资金要求是税后资金，这不利于提高人们捐助的积极性。对于一些受资金、时间限制比较大的保护项目，可以进行适当的要素选择，可以达到小改动大变化的效果，提高公共资金的利用效率。

（6）要素更新的方式应因地制宜。应以村落群体为基础，根据资源特点，制定不同层面的保护与发展策略，并采用以历史资源为导向的规划方法，对古镇山水格局、特色公共空间进行建设引导，创造有利于乡村旅游发展的古镇物质空间形态，形成保护与发展相协调的基础条件。

据此，只有构建了具有古镇特色的保护体系，今后历史古镇文化遗产才能得到有效的保护与长足发展。

第六章　对其他省历史古镇保护与转型经验的借鉴

第一节　安徽省宏村的保护与转型

一、有地域特色古镇概述

（一）历史沿革

"文化与生态完美结合"是黟县最宝贵的资源。黟县建制于秦朝（公元前 221 年），自宋隶属古徽州，是全国历史最为悠久的文明古县之一，是"徽商"和"徽文化"的主要发祥地之一，也是安徽省历史文化名城。历史上名人荟萃，汪勃、张小泉、俞正燮、赛金花、黄士陵、汪大燮、舒绣文等均出自于此。境内完整地保存了 1684 幢明清时期的古建筑和众多古村落，西递、宏村 2000 年入选世界文化遗产名录，2011 年 5 月成功晋升为国家 5A 级景区，先后荣获"中国十佳最具魅力名镇"、"全国特色景观旅游名镇"、"安徽省最佳旅游乡镇"等称号，并被评为"安徽省青年最喜爱的 A 级旅游景区"。西递、宏村、南屏先后被列入"全国重点文物保护单位"，屏山和赛金花故居被列入"省级重点文物保护单位"，西递、宏村、南屏、屏山、关麓先后被列入全国历史文化名村，徽州篆刻、徽州祠祭、徽州彩绘壁画、余香石笛制作技艺、利源手工制麻技艺、徽州楹联匾额等成功列入省级非物质文化遗产保护名录，9 名民间艺人成功入选省级非物质文化遗产传承人。与厚重的"徽文化"底蕴交相辉映的是钟毓灵秀的自然风貌，全县山场面积 7.28 万公顷，占国土面积的 85.27%，森林覆盖率达 84.6%，生态环境、田园风光十分优美，有"桃花源里人家"、"中国画里乡村"的美誉，先后荣获全国首批"绿色小康县"、"国家级生态示范区"等称号，五溪山、木坑竹海入选省级森林公园。

图 6-1 宏村的地理位置

宏村（图 6-1、图 6-2）始建于北宋，距今已近千年历史，为汪姓聚居之地。村中数百幢古民居鳞次栉比，其间的"承志堂"是黟县保护最完美的古民居，其正厅横梁、斗拱、花门、窗棂上的木刻，工艺精细、层次繁复、人物众多，人不同面，面不同神，堪称徽派"四雕"艺术中的木雕精品。

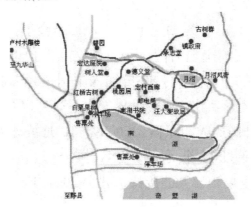

图 6-2 宏村及周边景点

宏村汪九是唐初越国公汪华的后裔。数百户粉墙青瓦、鳞次栉比的古民居群，特别是精雕细镂、飞金重彩的被誉为"民间故宫"的承志堂、敬修堂和气度恢宏、古朴宽敞的东贤堂、三立堂等，同平滑似镜的月沼和碧波荡漾的南湖，巷门幽深，青石街道旁古朴的观店铺，雷岗上参天古木和探过民居庭院墙头的青藤石木，百年牡丹，森严的叙仁堂、上元厅等祠堂和93岁翰林侍讲梁同书亲题"以文家塾"匾额的南湖书院等等，构成一个完美的艺术整体，真可谓是步步入景，处处堪画，同时也反映了悠久历史所留下的广博深邃的文化底蕴。至清代，宏村已是"烟火千家，栋宇鳞次，森然一大都会矣"，至今仍为宏村镇人民政府所在地。在2000年11月30日，宏村被联合国教科文组织列入了世界文化遗产名录。

村内，以正街为中心，层楼叠院，街巷婉蜒曲折，路面用一色青石板铺成。两旁民居大多二进单元，前有庭院，辟有鱼池、花园，池边多设有栏杆，"牛肠"水滋润得游鱼肥壮，花木浓香馥郁。马头墙层层跌落，额枋、雀替、斗拱上的木雕姿态各异，形象生动。坐落在南湖畔的南湖书院，建筑颇为壮观。据说民国初期的国务总理江大燮（宏村人），幼年曾在这里读过书，现为南湖中心小学校址。

1999年，国家建设部、文物管理局等有关单位组成专家评委会对宏村进行实地考察，全面通过了《宏村保护与发展规划》。宏村已于2000年11月30日在第24届世界遗产委员会上正式确定为世界文化遗产，2001年又被确定为国家级重点文物保护单位、安徽省爱国主义教育基地。2002年12月30日加入中国风景名胜区协会，2003年3月加入中国风景名胜区协会世界文化遗产工作委员会，2003年7月，被正式评为国家4A级景区，2003年12月被评为全国首批历史文化名村（国家首批12个历史文化名村之一）。宏村景区多次出色地完成党和国家重要领导人的接待，并于2001年5月20日成功地接待了原中共中央江总书记。

作为世界文化遗产的宏村，也迎来了世界各地的友人，尤其是影视艺术界的朋友。除了《卧虎藏龙》和《苏乞儿》之类的经典古装动作片，这里也拍摄了大量的其他优秀影片和电视剧。著名的学生画家段冰洁，摄影名家达达R也于2008年赶到这里写生采风，并满载而归。虽然著名的未来导演、E动漫名誉主席骆巍因故没能到达宏村，但是他向媒体表示今后有时间一定会来参观访问。一袭烟雨罩江南，两袖清风论古今。宏村，挟着他的祝愿也必将以它卓越的风姿迎来更多的朋友。

宏村，经过前代人的辛勤劳作和后代人合理保护，现已得到世人的公认。我们将继续努力保护这份珍贵的遗产，合理的开发和利用宏村的旅游资源，让更多的人了解宏村，了解古徽州文化深刻的内涵。

（二）宏村现状分析

图6-3至图6-6为宏村的现状分析。

图6-3　宏村建筑等级分析图

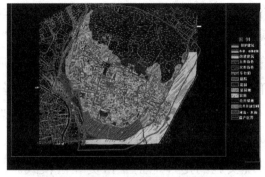

图6-4　宏村土地使用现状分析

图 6-5　宏村保护与更新规划界限图

图 6-6　宏村建筑高度分析图

二、经济分析

（一）古村落宏村旅游经营模式

依照古村落是否由企业进行开发与经营，古村落型旅游地经营模式可以分为两大类："政府经营型"和"企业经营型"。前者所占比例较小，经营管理都由旅游、文物等主管部门，收入所得主要用于文物保护和旅游开发。后者又可分为两类——地方企业经营模式和外地企业经营模式：外地企业主要是采取"租赁经营模式"，获得年限不等的开发经营权；地方企业有国有、集体、私营企业，此外还有"合资协作"。宏村现实施的是外地企业租赁经营模式。

自1986年起，宏村的经营主体多次变化（图6-7）。曾由县旅游局、镇办"黟县宏村旅游服务有限公司"及村委会分别负责。1998年经营权转让给北京中坤集团，集体下设黄山京黟旅游开发总公司经营宏村及周边的关麓、南屏等景区的经营权，时间30年。

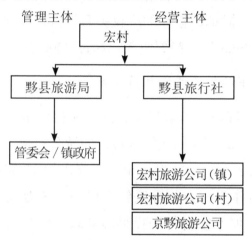

图6-7　宏村经营及旅游主体变化示意图

1. 宏村经济模式发展历程

1986年至1996的十年间，宏村的旅游一直由黟县旅游局管理。1986年黟县旅游局提供资金8万元开始筹备，买下承志堂，并对外开放，标志着宏村旅游业真正起步。1990—1995年，黟县旅游局增大投资，承包除承志堂之外的其他景点，很多景观得以恢复。这一阶段宏村旅游门票收入、旅游总收入总体呈增长趋势，但增长缓慢。

1996年6月，黟县旅游局把经营权交给宏村所在乡镇——际联镇（现更名为宏村镇）。际联镇经营一段时间后，又将宏村旅游业委托给一位本村在外地工作的退休人员经营，此时，宏村经营模式为旅游村办经营和承包经营相结合。经营体制的转变，加上旅游公司上上下下的共同努力，在当时门票价格为8元/人次的情况下，1997年全年完成门票收入26万元，每个农业户口均得到10元的分红。

1997 年下半年，黟县县政府与北京中坤科工贸集团达成协议，由该集团租赁经营黟县境内包括宏村在内的三个主要古村落和中城山庄（原黟县政府招待所），经营期限为 30 年。同时，中坤公司在黟县成立全资子公司——京黟旅游开发总公司，负责宏村旅游景点的日常经营活动。这一时期，模糊的产权关系与租赁经营仍给宏村旅游业带来一些发展。2005 年，门票收入已超过 2000 万元。

2. 现行模式下的村民旅游利益分配

在 1999 年京黟公司和宏村签订的《宏村旅游开发补充协议书》中规定，门票收入的 95% 归旅游公司；旅游公司每年支付给作为乙方的宏村人民币 9.2 万元，并将每年门票收入的 1% 支付给宏村；旅游公司每年支付给作为丙方的际联镇人民币 7.8 万元，同时支付每年门票收入的 4%。但在宏村村民投诉黟县政府侵犯财产权的压力下，2001 年县政府与京黟公司双方修订了合同，旅游公司将 2002 年门票收入的 33% 支付给黟县：其中 20% 以"文物保护基金"名义支付给黟县政府，13% 支付给宏村村镇两级单位（其中 5% 支付给宏村镇，8% 支付给宏村）。在宏村所得的旅游门票收入的分红中，总金额不多，村里预留行政管理费用。一年总计需要十几万元，每年村民会要把开支费用留下来，然后分配到人头（65% 给村民，35% 留村里）。而且宏村人口多于西递，在实际操作中只能按照宏村的农业人口分配。据了解，村户年旅游收益多集中在 5000～10000 元，约占总村户的 64%；25% 的村户没有或很少有旅游收益，约有 10% 的村户收益在 20000～30000 元。

不得不说，2000 年后，企业承包制的经营模式给宏村的旅游业带来了生机，但是这种经营体制下，村民的旅游收入分红似乎并没有明显的增加，村民的贫富差距也依然很大。

3. 企业承包经营模式的弊端

（1）居民利益被忽视

1997 年 9 月 27 日，黟县政府在宏村村镇两级干部对此均不知情的情况下同北京中坤公司签订了转包宏村旅游经营开发权的《黄山市黟县旅游区古民居旅游项目合作协议书》，严重侵犯了宏村居民产权、知情权等权利。古村落型旅游地因位置相对偏僻，服务设施等落后，旅游收益主要来自门票收入，居民获益较少。1997 年之前，宏村的旅游收入一直不高，居民几乎没有分成，1998 年以后宏村旅游业虽快速发展，但外来企业租赁经营模式中居民获益不多。经济利益的驱动，加上政府监管、宣传不力，居民对古村落的保护、规划等的意识淡薄，给宏村的保护和发展造成消极的影响。

（2）群众参与程度低，保护难以开展

宏村的古民居保护政策是：在对古民居的维护和修缮上，宏村村民负有全部的责任和义务。然而，房屋分配部分在分配制度中的缺失，使得宏村村民很难从京黟公司与镇里拿到古民居维修费。宏村村民古民居产权在遭到极大损害的情况下，他们对维护和修缮古民居普遍存在抵触情绪，拒绝维护甚至产生了破坏的心理。在对产权的极不尊重、分配的极不公平的前提下，宏村世界遗产的保护也成了一个艰难的处境。

4. 对策和建议

（1）正确处理居民与游客、居民与开发者的关系

生活在古村落中的居民是古村落旅游得以可持续发展的主导因素，没有居民的参与，给游客的只是一个空壳，同时也不利于古村落的保护。通过对当地居民社会感知的调查，可以发现古村落旅游开发中居民的态度和意识观念直接影响到游客的旅游消费满足和旅游消费效果。居民与开发商之间的利益冲突是目前古村落开发中亟待解决的

问题之一，在古村落旅游开发中往往以"谁投资，谁受益"为原则，把居民或社区的利益排除在外，因为普通居民和社区无力承担旅游开发所需的资金。

（2）提高当地社区居民的旅游参与，提高利润分成比例

古村落地居民在现代旅游企业中具有双重身份：一是由于当地居民所拥有的古民居产权等而构成了现代旅游企业的股东之一；二是由于旅游业较快发展而影响当地居民正常生活秩序，使居民成为旅游业发展的重大利益相关者。双重身份决定了当地居民在公司重大问题上应该拥有参与决策权，对公司管理人员的监督权和维护自己合法权益等相关权利。在调研过程中我们了解到，由于宏村当地居民的旅游收益较少，他们通过各种手段试图保护自身权益，"从旅游中得来的钱要用在旅游上，不能落入私人腰包"也是当地居民的心声。

所以，要让当地居民深入参与当地的经营与管理，使社区居民能充分参与其中，并提高他们在旅游收入中的利润分成比例，充分尊重当地居民的权益和意见，使他们真正成为旅游发展的受益者，这样才能促使他们对当地景点、古迹等的保护。

（二）"关键利益主体"视角下的企业租赁型古村落景区管理模式探讨

1. "关键利益主体"介绍以及对应分析理论框架构建

（1）"关键利益主体"相关内容介绍

古村落遗产的保护和旅游开发涉及的利益相关者众多，而我们以古村落旅游发展过程中出现的垄断性旅游开发经营权作为主要关注点来审视和界定古村落旅游中的关键利益主体，结合国内的古村落开发实践及有关文献研究可以发现，在大多数情况下，地方政府、外来企业和社区居民是旅游开发中最主要的利益相关者。地方政府主要是指

古村落所处的一级地方政府，即市县级地方政府。古村落旅游开发中的外来企业主要包括两类：一类是指以控制，或者至少是介入古村落旅游总体开发与经营为主要目的大型外部投资商；另一类则是经营餐馆、旅店等的小规模旅游商业的外部资本。本人研究的外来企业主要指前一类，它们的介入直接改变了古村落旅游地的利益主体格局。当地社区主要指古村落型旅游地的村民。本文基于关键利益主体的视角，以世界文化遗产宏村为例，对引进外部大型投资商的古村落型旅游地管理体进行分析，并针对现行管理体制存在的问题提出了相应措施，相信会对促进古村落的可持续发展具有较高的参考价值。

（2）分析框架

a. 地方政府

在古村落保护和旅游开发中，市县级政府起着具体操作、部门协调等非常关键的作用。我们这里重点要讨论的就是这一级地方政府。从我国古村落旅游地的管理现状来看，上级政府将古村落的管理权和监督权委托给地方政府，由地方政府代理成为古村落的日常管理主体、充分责任主体和财政支持主体。事实上，地方政府在古村落遗产的管理中，面临着多重目标和任务。地方政府不仅负有引来投资商发展古村落地区的旅游业、搞活地方经济、让更多的人接受古村落遗产地的教育功能，实现古村落遗产资源的文化价值；同时，作为监督者，在发展旅游时还要考虑古村落的经济、社会和环境的协调发展，监督经营者的经营行为，保护古村落遗产。

b. 外来企业

随着古村落旅游的发展，外部资本越来越多的介入到古村落旅游的开发中来，使他们成为古村落旅游地的重要利益主体。在前面我们已经论述过，本文研究的外来企业主要指以控制、或者至少是介入古村落旅游总体开发与经营为主要目的大型外部投资商，它们的介入直接改变了古村落旅游地的利益主体格局。这些外来企业在政府机构的引导和监督下，通常通过获得古村落一段时间内旅游的经营权，进行旅游地开发、旅游资源利用、环境改造治理等商业开发行为。凭借古村落资源获取最大的经济利益，这些企业在政府机构监督下致力于古村落旅游地的开发、经营和管理，推介旅游产品和旅游地形象。

　　c. 当地社区

当地社区的居民在古村落型旅游地中不但是古民居的所有者，他们的生活方式、风俗民情等本身构成重要的旅游吸引物，当地社区的存在及其对旅游发展所持的态度直接关系到旅游地的存在与发展。从我国古村落旅游地的实际发展情况来看，当地社区居民最大的利益需求就是通过发展古村落旅游地的旅游业来增加就业、收入，改善基础设施、提高社会福利和生活状况，促进当地经济发展。根据相关文献研究可知，社区对古村落旅游地的利益分享可以通过多种方式实现：一是要求按比例分享旅游地门票收入；二是要求旅游地经营税收按比例提成；三是要求旅游地经营者向当地社区缴纳一定的资源使用费，以配合当地社区的发展要求。一般来说，当地社区居民对旅游地资源的开发和保护认识要经历一个过程，最初社区居民对古村落旅游地的资源保护认识不够，在当地经济发展到一定程度，他们能够意识到旅游的开发影响到其生存环境时，他们对古村落旅游地的保护才开始重视。

　　2. 案例的"关键利益主体"分析及旅游景区管理模式探讨

　　古村落的旅游经营模式主要包括以下四种：政府投资经营、企业租赁经营、个人承包经营、村民集体经营。黄山宏村的经营模式属于是企业租赁经营的典型代表。本文以世界文化遗产宏村为例，研究古村落型旅游地经营管理模式之企业租赁经营模式，在此基础上分析现阶段宏村的这种管理模式中存在的问题，并针对这些问题提出了一些建设性的建议。

（1）宏村具体情况介绍

宏村始建于公元1131年，因该村落将自然景观和人文景观有效融为一体，被誉为"中国画里的乡村"。宏村的旅游业正式开始于1986年，但是一直以来宏村旅游业发展都是步履维艰，直到1998年中坤工贸集团入驻宏村，宏村将十年的经营权转让给该公司，并且成立了京黟旅游开发公司，一揽子承包经营宏村古村落的旅游，宏村的旅游开始有了很大的发展。从1998年至今，宏村旅游门票收入持续上升，宏村旅游业也一直持续稳步发展。外资的引进虽然带来了诸如雄厚的外部资本、先进的管理理念、营销体制、景区先进的管理人才等等优势，但是由于关键利益者之间的种种矛盾的出现，在这期间关键利益者之间进行了很激烈的斗争。

（2）宏村旅游管理与开发经营中各关键利益相关者的角色分析

a. 地方政府角色分析

在这场招商引资中，黟县县政府以古民居旅游资源和古祠堂群建设项目土地使用权为投入，形成股份合作经营态势，与外来资本——北京中坤科工贸集团共同组建了"京黟旅游股份有限公司"。在宏村，其旅游开发与经营权被县政府所控制，并且承包给了外来资本，当地政府及其他各级政府部门只负责处理行政事务，不干涉经营者的开发管理活动。在旅游开发经营过程中，地方政府肩负着对外来企业的引导和监督的责任，不能让其盲目的开发；同时，在古村落旅游开发中，有很多公共物品是外来企业不愿意或者无力提供的，如非游览线路上的古建筑、社区的基础设施、居民的公共福利等，因此需要由政府来提供。

b. 外来企业角色分析

1998年，北京中坤科工贸集团租赁经营黟县境内包括宏村在内的三个主要古村落和以餐饮、住宿为主的中城山庄，总投资2518万元，经营期限为30年，同时，其在黟县成立京黟旅游开发总公司，负责宏村旅游景点的日常经营活动。于是就形成了比较有代表性的企业租赁经营的宏村模式。北京中坤科工贸集团入驻宏村后，引进了雄厚的外部资本和先进的管理理念、营销体制。中坤集团利用宏村本身具有的资源优势，再结合其先进的管理和营销体制，进行旅游开发，在旅游开发的过程中，中坤集团不仅需要建设旅游地点设施，也要适当负担旅游地周边配套设施建设。

c. 当地社区角色分析

企业租赁经营模式下的宏村，在其旅游开发与经营管理过程中，当地社区居民对于旅游开发决策和旅游的收入分配完全没有发言权，在直接承担了旅游开发成本的情况下却得不到充分补偿，很多就业机会被外来者获取，只有部分人通过提供住宿、出售旅游纪念品和跑运输等参与到旅游开发中来。由于对旅游开发决策和旅游的收入分配没有发言权，且在旅游收入分配过程中只占了很少的一部分，所以村民对于公司的旅游开发始终抱着漠视的态度，也不认为自己能够改变什么。如果政府也不作为的话，那就真正面临维护主体的缺失了。

（3）宏村旅游管理模式总结分析及其存在的问题

根据宏村旅游经营管理过程中各关键利益主体的角色分析，我们可以知道，对于引进外资经营的宏村来说，是一种企业租赁方式的经营管理模式。企业租赁模式的经营方式虽然有很多优点，如可以引进雄厚的外部资金、先进的管理模式等，但是在引进外部资本之后，就会使得相关利益主体的关系变得异常复杂，如果处理不好各利益主体之间的关系，势必会给各利益主体之间带来众多的矛盾。在租赁经营的宏村模式中，一开始就发生了地方政府角色定位的错误。居民与地方政府的矛盾越来越尖锐。在古村落旅游开发中，作为主要旅游吸引物的古民居在大多数情况下都是当地村民私人所有或者村集体所有，如果政府仍旧像在出让公共类风景旅游资源的开发与经营权时那样单方面与外部旅游开发商直接立约，而将村民排除在外，显然是不合适的。

3. 对策分析

对于企业租赁经营的宏村模式，本文已经分析了其优缺点，那么针对现行宏村旅游管理体制所存在的问题，我们提出了一些缓解问题的措施。具体如下：（1）政府应该强化自己作为规范者和协调者的角色，另外利用自己独特的平台和资源，有针对性地充当旅游市场上的营销者和引资者的角色。各级政府应该互相配合，利用各自的优势和特点有效地介入古村落的开发。（2）作为古村落旅游资源的所有者的村民主体应该是旅游开发中的主体；而且社区的参与不应该仅仅局限于收益分配的层次，而是应该扩展到旅游开发决策的全过程。（3）关于外来资本，我们比较倾向于外来资本和社区开发相结合的方式，可以为开发提供资金和先进的经营理念，有利于落实古宅文物的维护和环境的治理。总的来说，应该建立古村落旅游关键利益主体之间的协调机制，对租赁经营模式的古村落进行有效的规划与管理。

三、建筑分析

（一）研究背景

1. 历史文化古镇的社会背景与历史沿革

在新型城镇化的背景下，近年来的历史文化村镇保护问题就成为当前历史文化遗产保护的热点领域之一。由于历史文化村落分布较广，资源特色也差异较大，古村落的整体性特征不仅表现于物质文化与非物质文化的交融，也表现于村民与村落的共性，正因为如此，古村落的保护因此比其他文物和遗址面临着更多的现实困难，而对古村镇的现状调研与保护更新过程也是艰辛的。

而目前绝大多数的古村落保护研究主要集中在广大的农村地域，

历史村镇的研究则有别于历史文化名城、历史文化街区。位于安徽南部黄山市的黟县始建于秦始皇 26 年，至今有 2200 多年的历史。这里重峦叠嶂，清溪回流，气候温和，自然风貌极佳，分布着数百个聚族而居的古村落，较为完整地保存着明、清时期建造的古民居 3700 余栋，处处渗透着浓郁的徽派建筑风格，积淀了广博深邃的文化底蕴。而本文主要的是研究了位于安徽省黄山市黟县的宏村以及屏山村。

2. 研究的核心目的

古村落景观是自然经济时期人类社会的经济形态和自然环境达到整体协调而呈现出的一种和谐的生态人居环境，反映人们为了生产和生活改造自然的方式，是一种重要的文化景观。

在黟县的研究核心目的是在历史层面上主要考察宏村以及屏山村的价值特色，村镇内部的各种体系自身组织特征与相关关系等；在现状层面主要考察宏村以及屏山村镇物质空间保护现状及问题，村镇的物质空间、社会经济状况，尤其是历史特征的保护状况；同时进一步考察其较为密切的周边环境，研究村镇产生、形成、发展的各种原因、相关关系与支撑条件，包括自然环境、道路发展、社会人文、重大事件等，也考虑到村镇的现状背景的改变状况对其现状的影响，也借此希望找到古村落中充满人情味和安全感的宜人空间的建设经验。

（二）调研的信息

1. 研究区域概况

位于皖南山区的黟县是一处历史文化悠久、具有鲜明地域特色的古县，是古徽州六县之一。黟县境内的古村落数量多，保存也较为完整，并且这些古村落具有鲜明的特征。它们与周围的自然环境结合得非常融洽，宛如天成，其古村落景观也同样非常突出。所有的这些都从某种程度上反映古人在建设家园和自然和谐共处方面的经验和智慧。

宏村，古取宏广发达之意，称为弘村，位于安徽省黄山西南麓，距黟县县城 11 公里，是古黟桃花源里一座奇特的牛形古村落。地理坐标：东经 117°38′，北纬 30°11′，村落面积 19.11 公顷。宏村始建于南宋绍兴年间（公元 1131—1162 年），距今约有 900 年的历史。宏村最早称为"弘村"，据《汪氏族谱》记载，当时因"扩而成太乙象，故而美曰弘村"，清乾隆年间更名为宏村。

屏山村则是位于黟县城东 4 公里处，至今已有 1100 多年的历史，因村北有座状如屏风的屏风山而得名，是一座舒姓聚居的古村落。在鼎盛时期的屏山村，村中有 12 条街、60 条巷、24 口井、18 座祠堂、16 座牌坊、400 多栋民居。现存古宅 300 余栋，祠堂 7 座，并被誉为"中国风水第一村"。

2. 研究的对象与范围

在这次的调研中，我们主要调研的对象和范围分为两个部分，范围一主要是村镇的核心区域，是指村镇的历史集中部分，范围二是协调区域，是指与村镇核心区域关系较为密切的周边自然环境地带等。同时我们还明确了调研的总体内容体系，包括外围环境、物质空间、社会访谈三方面内容，在对外围环境中我们主要研究所在区域以及所处区域的自然地理环境等，重点研究在我们制定范围二的重要景观节点以及景观视线；在对物质空间的研究中，我们在细分为几个部分，第一个部分是对整体格局的研究，第二部分是对建筑特色的研究，重点在于了解建成区域的分布关系以及建成各个区域的年代历史，第三部分是了解建成区与自然环境的相互组织关系以及对自然区域的改造，在村镇中主要是研究村镇对流经河流的利用。在对社会访谈中，我们主要是对居民的访谈，以发问卷和交谈为主去了解当地居民的生活现状及目前存在的内部问题等。

3.研究方法

为了能够获取一定的调研成果，我们在调研过程中也采用了很多的调研方法。第一，我们没有盲目地进行调研走访及拍照，在前期工作中，为了能够迅速进入调研工作中，我们找到大量的文献，其中包括部分的图纸、文字和照片等；第二，在调研物质空间的过程中，我们搜索出屏山的平面图，而有关的调查内容就直接在图纸上标注；第三，在进行拍照的过程中，采用一定的流程拍照，例如：在拍历史街巷时，在调查图纸上标注拍摄地点和角度→用相机拍摄下地图所在调查地点→按全景、界面、铺地、绿化顺序拍摄；在拍摄院落和建筑物时，接门牌号→大门→街景→建筑整体→建筑立面→建筑细节（门窗、屋顶、装饰等）顺序拍摄；第四，多准备图纸，在调研过程标记设施分布、建筑年代的分布等。

4.工作流程

我们首先进行调研的前期资料的准备工作，并进行讨论和分析，在调研过程中，我们的物质空间调研的各项内容是同时展开的，即在小组内部划分区域后，每人负责区域内部的所有物质空间调研内容。并在物质空间的调研过程中结合居民访谈，即进入建筑内部后有针对性地选取不同的居住人群进行访谈，并在每天调研结束后，我们组员之间相互进行调研成果总结，主要是说明各自调研进度及调研中出现的问题，并及时解决。

（三）历史文化古镇的现状概况

1.区位分析

（1）地理区位

安徽省黟县屏山村地处黄山市黟县县城东北约 4 公里的屏风山和

吉阳山的山麓。黟县古村落地处皖南山区，且地形地貌复杂，山水环境比较优越，是古村落有着比较突出的地理位置（图6-8）。

宏村位于安徽省黄山西南麓，距黟县县城11公里，地理坐标：东经117°38′，北纬30°11′，整个村依山傍水而建，村后以青山为屏障，地势高爽，可挡北面来风，既无山洪暴发冲击之危机，又有仰视山色泉声之乐（图6-9）。

图6-8 屏山村区位图　　　　图6-9 宏村区位图

（2）交通区位

屏山村临近乡道Y034，交通便利。屏山村距离县城不到4公里，每天都有公交车往返屏山村和黟县县城。屏山村到宏村也不到7公里的路程，只是没有直达公交，只能在黟县转车。总之，屏山村交通处于黟县—屏山—宏村之间，公交车方便快捷。

2. 历史文化古镇的建筑风貌特色

（1）整体格局的风貌特色分析

宏村始建于南宋，距今已近千年历史。整个村落占地30公顷，枕雷岗、面南湖（图6-10）。南宋绍兴年间，古宏村人为防火灌田，独运匠心开仿生学之先河，建造出堪称"中国一绝"的人工水系，围绕牛形做活了一篇水文章。九曲十弯的水圳是"牛肠"，傍泉眼挖掘的"月沼"是"牛胃"，"南湖"是"牛肚"，"牛肠"两旁民居为"牛身"。

图 6-10　宏村鸟瞰图

宏村背倚黄山余脉羊栈岭、雷岗山等，地势较高。特别是整个村子呈"牛"型结构布局，更是被誉为当今世界历史文化遗产的一大奇迹。那巍峨苍翠的雷岗当为牛首，参天古木是牛角，由东而西错落有致的民居群宛如庞大的牛躯。以村西北一溪凿圳绕屋过户，九曲十弯的水渠，聚村中天然泉水汇合蓄成一口斗月形的池塘，形如牛肠和牛胃。水渠最后注入村南的湖泊，鸽称牛肚。接着，人们又在绕村溪河上先后架起了四座桥梁，作为牛腿。历经数年，一幅牛的图腾跃然而出，创造了一种"浣汲未防溪路远，家家门前有清泉"的良好环境。

（2）建筑的院落空间分析

屏山与宏村的传统建筑大多高墙深巷，建筑风格似围合式住宅，民宅建筑几乎家家都有一个大小不一样的院落空间院落空间（图6-11、图6-12），其基本形式也是天井式的布置，都是大家的露天活动场所，人们聚集在这里可以聊天，玩游戏。而采光也主要是靠天井进行通风采光。在这些院落中我们可以发现院内大多数有池塘，池塘的水也与村落的水系相连。

而公共建筑的院落空间也和民宅的院落空间基本相似，也是天井式的布置。

图 6-11　承志堂二进院落空间　　图 6-12　祠堂一进院落空间

（3）建筑的入口空间分析

入口空间在民居与官邸之间是有差别的。古村落里民居之间的入口空间是很有讲究的，门前不能对着别人家的墙角，如对着则需把墙角弄平方可。建筑的入口相对比较小，设有门槛。官邸的入口空间前相对比较大，入口前大多是一个小型的广场，相对比较开阔（图6-13）。

图 6-13　古建筑的入口空间

3. 历史文化古镇的建筑细节分析

（1）建筑特色之马头墙

马头墙是徽派建筑里面最具有特色的一道风景。几乎家家户户的房子都是筑有马头墙。马头墙给人们的感觉是气派威武，也让整个建筑显得不那么单调简单。

（2）建筑特色之门楼

门楼也是古村落建筑立面的一大特色。官邸与祠堂的门楼显得更有气派，在装饰上也更加精致，而民居的门楼多为简朴简洁，虽然风格一样，但是从门楼上就可以明白古代阶级产生明显的差异（图6-14、

图 6-15）。

图 6-14　各种特色的马头墙

图 6-15　古建筑门楼采集

（3）建筑特色之雕刻艺术

这里的建筑大多数为木结构的建筑，也有少数用石块砌成的。在室内展现给我们的是一些艺术的雕刻，室外的门楼上则是石雕。木雕能展现给我们的历史氛围会更加的浓厚，石雕展现给我们的是更加气派庄严（图 6-16）。

图 6-16　精致的木雕

（4）历史文化古镇重要区位建筑及其质量分析

宏村的建筑主要是住宅和私家园林，也有书院和祠堂等公共设施，建筑组群比较完整。各类建筑都注重雕饰，木雕、砖雕和石雕等细腻精美，具有极高的艺术价值。村内街巷大都傍水而建，民居也都围绕着月沼布局。住宅多为二进院落，有些人家还将圳水引入宅内，形成水院，开辟了鱼池。比较典型的建筑有南湖书院、乐叙堂、承志堂、德义堂（图6-17、图6-18）。

图6-17　宏村建筑平面图

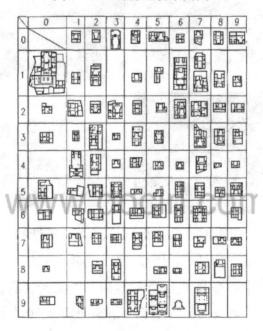

图6-18　宏村院落布局格式分析图

　　敬德堂建于清初顺治年间（1646年），为H型民居，厅堂背向排列，前后厅均有天井，采光性能好，两侧为厢房，南侧为前院，北侧为厨房，整栋建筑装饰简朴，屋内典型方柱，为宏村明末清初民居代表，门楼砖雕精美。

乐叙堂又名众家堂，建于明永乐年间，公元 1403 年，祠堂由门楼厅、前院、议事厅、享堂四部分组成，是家庭中开会、祭祖、议事、惩罚、婚嫁的场所（图 6-19）。

图 6-19　敬德堂、汪氏宗祠、乐叙堂

承志堂位于宏村上水圳中段，建于清咸丰五年（1855），是清末大盐商汪定贵住宅。整栋建筑为木结构，内部砖、石、木雕装饰富丽堂皇，总占地面积约 2100 平方米，建筑面积 3000 余平方米，是一幢保存完整的大型民居建筑。全宅有 9 个天井，大小房间 60 间，136根木柱，大小门窗 60 个。全屋分内院、外院、前堂、后堂、东厢、西厢、书房厅、鱼塘厅、厨房、马厩等。还有搓麻将牌的"排山阁"、吸鸦片烟的"吞云轩"。另有保镖房、男、女佣人房。屋内有池塘、水井，用水不出屋（图 6-20）。

图 6-20 承志堂

树人堂系清刺授奉政大夫诰赠朝仪大夫汪星聚于同治元年（1862）建。树人堂也称民艺收藏馆，是房主汪升九十五代孙汪森强的私人收藏馆，为弘扬徽州的历史文化，主人多年来从民间及博物馆收集了明清民间时期老作坊机械，石制器具、徽州版画、民俗用品、徽商书信用具、宏村族谱等，再现了当年徽州社会生活的一些侧面。树人堂全屋宅基呈六边形，取六合大顺之意。正厅偏厅背靠水圳，坐北朝南。天花彩绘，飞金走彩。厅堂东边利用有限空地，建一小水塘，活水长流。外门为八字门楼内置悬坊栏板（图 6-21）。

图 6-21 树人堂

桃源居建于清咸丰十年（1860 年），占地面积 270 平方米，系前后三间结构，室内木雕花样繁多，技法多变，内容丰富，寓意深刻。桃园居虽说规模不大，但门楼砖雕和室内木雕堪称精品。门楼上的砖雕刻得精细，而且层次比较多。书房中的四扇雕花门可以说是全村最为精美的雕花门（图 6-22）。

图 6-22　桃源居

　　南湖书院位于南湖的北畔，原是明末兴建的六座私塾，称"倚湖六院"，清嘉庆十九年（1814年）合并重建为"以文家塾"，又名"南湖书院"。重建后的书院由志道堂、文昌阁、启蒙阁、会文阁、望湖楼和祗园等六部分组成，粉墙黛瓦，碧水蓝天，环境十分优雅。乐叙堂是汪氏的宗祠，位于月沼北畔的正中，是村中现存唯一的明代建筑，木雕雕饰非常精美（图 6-23）。

图 6-23　南湖书院

　　宏村存有明清民居两百余幢，还有三姑庙、御前侍卫贴墙牌坊、舒绣文故居、玉兰庭、等名胜古迹（图 6-24）。春风细雨桃花水涨；夏日纳凉，柳垂扬郁；秋夜赏月，水映桥动；冬季踏雪，竹翠笋萌。

图 6-24　明清民居

屏山村现存祠堂 7 座，主要集中在村落的中心。其中最具特色的是舒光裕堂和庆余堂。

舒光裕堂，建于乾隆年间，是九都舒氏的宗祠，占地约 500 平方米，又因祠堂八字楼上有砖雕菩萨、罗汉 300 多尊，又名"菩萨厅"（图 6-25）。

图 6-25　舒光裕堂

庆余堂，建于明万历年间，为五开间大祠堂，占地 600 平方米，与舒光裕堂相聚仅两米，两堂相随，纵深达 88 米（图 6-26）。

图 6-26　庆余堂

4.历史文化古镇不同要素的保护与更新设计策略

（1）历史文化古镇不同要素的保护策略

保护主体的漠然、维护资金的短缺以及当地居民保护意识的欠缺都加速了安徽黟县屏山历史文化古镇的逐渐衰退。在财政资金补给薄弱、村民收入有限和缺乏有效激励机制下，"自上而下"的命令式的保护基本上是无效的。然而比较贴近现实的保护思路是顺应社会发展趋势，提高保护的层次，制定有效的整体保护法律机制，利用当地特色，在再利用中创造增值空间，充分调动村民的积极性，用各种措施提高村民的保护意识，进而切实有效地保护古村镇。

a. 制定切实有效的整体保护机制框架

身为世界历史文化古镇的宏村和历史文化古镇屏山。在开发商的开发与大力宣传下，已成为风景旅游胜地，由于当地别有特色的皖南民居徽派建筑，故屏山与宏村古镇现已成为很多著名大学与辅导班的写生基地，很多热爱画画，热爱游玩的人会对这个充满着古色古香，人文风俗淳朴的古村镇流连忘返，宏村更是每天可以接纳大量的游客前来参观。但美好的东西总是不易保存，首先是当地最有特色的徽派建筑，建筑大门虽然都是大理石装饰的，但建筑内部房屋都是木质结构。众所周知，木结构不易防虫，防火，易被雨水侵蚀而老化，腐烂。其次，我们调研时发现横穿屏山古镇的吉阳河，宏村的南湖悒溪河已没有了当年的清澈。最后，针对当地的养蚕、种茶叶等等文化习俗，当地政府都应该制定有效的保护机制。

我们调研小组认为应加强空间管理和保护控制技术能力，制定可行的保护体系层次和保护机制，从而在保护和再利用中"有章可循"，阻止古村镇进一步老化破坏。例如：第一，当地政府应对历史文化古镇做好宣传工作，使宏村—屏山—西递走出安徽，走向中国乃至世界，从而吸引大量的游客，增加当地政府和村民的经济收入，从而弥补维修资金的短缺。第二，历史文化古村镇将以整体保护为基础，通过积极合理的再利用，实现增值空间，达到整体保护的目的，在整体保护的框架下，可设立宏村（屏山）古村镇"历史文化保护区管委会"，同时设立专家咨询委员会，加强公众参与和监督力度，同时当地居民反应的有轻微损毁的建筑，政府或开发商应积极组织人员整修，整修采取原材料修复或加固。第三，历史文化村镇总是有其独特的风俗文化，政府或开发商应积极鼓励当地居民继承并发扬民风民俗传统文化，增强当地的新引力。第四，国家的宏观调控至关重要，所以要想妥善地保护历史文化古镇，还是要依靠国家良好的政策倾向，希望国家能重视对历史文化名城名镇名村的保护与开发。

b. 增强古村之间相互促进、共同发展的空间关系。

宏村和西递现已成为世界历史文化古镇，而夹在他们中间的屏山却是安徽省历史文化古镇。据我们调研可知，同属于安徽黟县的三个历史文化古镇，宏村和西递的游客络绎不绝，熙熙攘攘，而屏山却相对冷清，人迹罕至。基于此，为了更好地开发宏村—屏山—西递，在宏村（屏山）历史文化古村镇传统风貌整体保护的框架下，要切实改变之前将三者截然分开的政策与保护方式，单方面强调其中之一的历史价值和环境特色，也易造成单个古村镇在积极再利用过程中功能的简单重复或相互冲突，从而降低了空间的整体魅力和历史价值。基于此，我们小组建议在开发旅游资源与古村镇整体保护与更新设计时，应将宏村—屏山—西递三个村镇联系起来，共同宣传与发展。例如，在门票上，设置三种价格的门票：第一，单独旅游一个古村镇时，宏村、屏山、西递各自设置自己的门票价格；第二，当游客想游览两个古村镇时，比如，宏村—屏山或宏村—西递或者屏山—西递，这样可以定一个相对单独游览两个古村镇加起来的票价低的价格；第三，当游客想同时去这三个古村镇时，可以设置一个门票在低于单独游览三个历史文化古镇门票总和的基础上包游三个历史文化古镇。在古村镇交通联系上，可以专门安排一些观光车，可供游人方便来往于各个古镇之间，方便快捷。基于以上两个措施，既可以增加当地居民的收入，又可以利用宏村与西递的发展带动屏山的发展，彼此之间相互促进、共同发展，吸引更多的游客。

c. 利用区位优势，积极拓展旅游性功能。

地处安徽黄山游览区的宏村，屏山古村镇，以其优美的自然风景，独特的、历史悠久的徽派建筑，分别被国家认定为世界历史文化古镇与安徽省历史文化古镇。屏山古镇有舒光欲堂、三姑庙、九檐门楼等。还有好几处清朝时期的民居，都各有特色。宏村古镇的南湖书院、乐叙堂、承志堂、德义堂、松鹤堂、碧园等也各有特点，占地面积巨大，建筑宏伟、气派，再加之当地有如江南的优美风景，四季景色如画，有六百多年的古杨树，柳树。村中有小溪、湖泊、河流等等。到处郁郁葱葱，湖光山色，碧波荡漾。古镇以其独特的区位优势与建筑特色吸引大量的游客，当地政府或村民应该在完整保护原有古镇建筑和自然风貌的基础上，充实"吃、住、行、游、购、娱"的旅游功能。据对当地的现状调研，我们发现当地居民也适时地开设了家庭式旅馆、家庭小饭馆、烧烤店、酒吧等等；在宏村与屏山的各种大街小巷中，随处可见卖各种工艺品、特色小吃、茶叶、雕刻等等。这些旅游功能的开发，都能为当地居民谋取福利，增加当地居民的收入。但是首先我认为历史文化古镇旅游的消费群体大多为城市居民，他们需要在古村落的旅游中得到与城市生活不同的物质与精神体验，其中包括有异于城市的文化特征、村落风貌、生活习俗、饮食结构等等。古镇旅游必须为游客提供相关旅游产品，比如当地用竹筒、竹板做成的杯子、酒壶、雕刻等特色工艺品，屏山村民利用自己的地方经营露天烧烤与KTV，村民自治的绣花鞋与民族服装，小姐绣楼供游客观赏等等；虽然在此地大可以为游客提供吃住行游购娱的需求，但是我认为，想要吸引更多的游客，当地还要开发具有当地地域特色的文化活动，类似像傣族的泼水节、东北的二人转、陕北的秧歌、洛阳的牡丹等等。屏山古镇所处安徽最南边，雨水充足，当地竹子生长茂盛，除了制作工艺品外，还可以有竹林竹海等具有规模的且伴有各色不同形状的竹林供游人参观，其次当地居民也应该将养蚕业发扬光大，如在当地选一个皖南民居作为博物馆，展示蚕生长的每个过程以及各种丝织品供游人参观，还可以将徽派建筑的模型，以及当地的特色一并展示。这样既可以带动旅游业，也可以将当地的养蚕及丝织品发扬光大。宏村古镇在发展具有民风民俗的文化活动上值得被借鉴。例如宏村赛鸟习俗，宏村赛鸟最早可以上溯到清朝，是一项传统的春节民俗活动，近几年影响越来越大，每年都会吸引不少外地人来参加赛鸟。鸟友交流养鸟经验和心得，场面十分热烈。所有参加赛鸟活动的鸟都是雄性画眉，通过抓阄划分比赛场次，参赛的画眉通过比歌声、比气势和"武"，战胜对手，获得名次。每年的赛鸟节都会吸引大量的游客，从而也带动了旅游业的发展。

对于历史文化古镇的重中之重——徽派建筑。据我们调研，开发商或政府已将宏村与屏山历史文化古镇冻结保存，不允许当地居民建造或改动原有建筑。但是有些居民反映，房子因为年久失修，都开始漏雨，甚至有裂缝、倒塌的现象，而上报给政府，也无济于事。基于此，希望当地政府部门能深入群众，将当地剩存明清以及民国时期的古建筑妥善保存与整修，毕竟独特的徽派建筑是当地开发旅游业的灵魂。对于历史文化古镇的建筑整治以不改变原状的原则进行修缮，恢复全木结构的建筑特征；对于损毁严重的建筑，通过采用传统材料对建筑的构建和屋内进行改建与修复，达到与历史风貌相和谐的目标。对于屏山古镇新建的建筑应严格控制建筑高度与建筑风格，必须与历史建筑风格一致且不阻挡视线通廊，保护整体上的视觉关联性。

d. 调动和提高村民的保护意识

古村镇保护中传统建筑维护、旧房拆迁补偿、住户重新安置以及保护与更新设计执行等诸多方面，均与保护主体——村民的生活和利益密切相关。在当前村民大多只关心自家的住房条件，无意或无力参与保护或村落整体环境的维护的前提下，是无法保障古村持续发展的。因此，无论在保护的战略上还是保护的技术手段上，宏村和屏山历史文化古镇的保护须充分尊重居民的权利、习惯和价值取向，充分反映古村居民的利益和目标，加强村民和公众参与保护的方式和途径，使古村历史文化遗产保护真正成为深入民心的事业。由于屏山古镇的旅游业是由开发商开发的，当地村民每年只能拿到微薄的补助，无法弥补生活上的开支，再加之每天都有大量的游客前来参观游玩，据我们发放问卷及走访调研可知，部分经营小生意的人认为，大量的游客可以使他们收益，而部分则认为游客络绎不绝影响他们的的正常生活，对此很不满意。在我看来，人们之所以有不满情绪，是因为开发商对当地居民的补贴太少，有些甚至无力负担修补房子的费用，而一再申请，政府和开发商也置之不理。基于此，为了充分调动村民保护古镇的意识，我建议政府应收回开发商对屏山与宏村的开发权利，将旅游景点的收入一部分用于对古建筑与村镇公共设施及其他的投资上，一部分用于补贴当地居民的生活开支上，对于老弱病残的给予特殊的优待。当村民都有利可得时，大家保护古村镇的意识自然会加强。再者，政府也要做好宣传与教育工作，使村民的保护意识加强。这样，宏村和屏山古镇的保护会贯彻得更加透彻。

（2）历史文化古镇不同要素的更新设计策略

在屏山古镇风貌保护整治中针对不同的更新要素建议采用不同的更新策略。对于沿吉阳河的历史建筑，由于建筑风貌各异，保留了多个时期的风格特点，其后改建、加建情况不同，因而采用多样化整修的方式；在屏山古镇风貌更新设计中，对于 20 世纪七八十年代后的后建建筑，建筑特色不突出，多为砖石的楼房建筑，穿插在重要的街巷沿线。在宏村古镇中，分布在古镇东西两侧的新建建筑，建筑体量大，建筑不能体现徽派建筑的特色。古镇中的后建建筑严重影响了传统风貌，建议采用整体改造创新的方式。对于现有的公共空间环境而言，主要为街巷空间，其空间尺度保持较为良好，主要采用小改动大变化的整体提升方式。

5. 沿吉阳河历史建筑的整修与改造

（1）沿吉阳河历史建筑的多样化整修

a. 恢复建筑的历史特征

在屏山的古镇风貌整治中，对所有沿吉阳河历史建筑均尽可能恢复代表其建造年代特征的要素。吉阳河两边有清代建筑，有民国时期的建筑，也有一些小商户在原先损毁的建筑的地基上建造的单层建筑。明清与民国时期的建筑十分讲究门楼的设计，都是用石头雕刻的各种图案，门楼上有飞檐高高翘起，格外壮观，而屋内为两层，都为木结构建筑，内设小天井，每栋建筑都很别致，令人叹为观止。这些古老的有特色的建筑便是古镇的精华所在，也是吸引一批一批游客的原因。而在这些古建筑中也时常夹杂着几间现代的房屋，多为砖石和土结构，工艺简单，几乎不具有徽派建筑的特色。我认为是在原先损毁的建筑的基础上村民自建的，主要利用优越的地理位置做生意，而这些严重影响沿吉阳河的整体建筑风貌。所以在更新设计时，建议将这些建筑拆除，恢复建筑的历史特征，如徽派建筑的马头墙、小青瓦为特色；在建筑雕刻艺术的综合运用上，融石雕、木雕、砖雕为一体，显得富丽堂皇。

b. 以传统构建强化重要节点

对于部分重要界面或重要区位的建筑，根据建筑本身的特点，加建传统构建，增添传统细部，恢复传统式样建筑，形成统一而又富有变化的建筑风格。传统式样的恢复，并非是提倡重建仿古建筑，而是根据自身的建筑特点的强化和重塑，既恢复了传统建筑风貌，又错落有致而富于变化。

沿吉阳河历史建筑在整治对象分布上，重点针对吉阳河两边景观杂乱，特色不突出的沿河建筑进行整修。在整治方式上，重点增加具有徽派建筑特点的以砖木石为原料，以木结构为主的仿明清时期的建筑。如建筑的横梁中部略微拱起，民间俗称为"冬瓜梁"，两端雕出扁圆形（明代）或圆形（清代）花纹，中段常雕有多种图案，通体显得恢宏、华丽、壮美。立柱用料也颇粗大，上部稍细。明代立柱通常为梭形。梁托、爪柱、叉手、霸拳、雀替（明代为丁头拱）、斜撑等大多雕刻花纹、线脚。梁架构件的巧妙组合和装修使工艺技术与艺术手法相交融，达到了珠联璧合的妙境。梁架一般不施彩漆而髹以桐油，显得格外古朴典雅。墙角、天井、栏杆、照壁、漏窗等用青石、红砂石或花岗岩裁割成石条、石板筑就，且往往利用石料本身的自然纹理组合成图纹。墙体基本使用小青砖砌至马头墙。徽派建筑还广泛采用砖、木、石雕，表现出高超的装饰艺术水平。如砖雕大多镶嵌在门罩、窗楣、照壁上，在大块的青砖上雕刻着生动逼真的人物、虫鱼、花鸟及八宝、博古和几何图案，极富装饰效果，再者统一沿河商铺的店招牌，使沿街建筑与历史风貌相协调。

（2）后建建筑的整体改造创新

a. 拼贴

对屏山、宏村古镇风貌更新设计中，对功能不合理或建筑风貌、质量较差的后建建筑采用拼贴的方式改造利用。采用结构保留为主、立面适度改造为辅的方式，保留风貌统一性。

比如屏山村边与村口的新建建筑，保留徽派建筑的大体风格，在保持了原有的黑顶白墙的基础上摒弃了古代的木结构框架。而是用了砖石混凝土结构体系，整个古镇中不同时代的建筑的"拼贴"、既表现了对原有建筑的尊重，又反映了时代的特征，还与整个古镇的建筑搭配得很和谐。

b. 立面易容

立面易容主要针对宏村东西两侧的后建建筑，大多为当地村民自建，虽然游客很少去这些地方，但他囊括在宏村景区之内，所以我认为有必要对其进行整改。这些建筑主要表现为：（1）这些建筑建筑体量较大，建筑特色不突出，建筑风格、色彩都与原有的历史建筑相差较大，对原有的风貌和尺度造成严重的破坏和影响；（2）这些新建建筑多被当地居民用作旅馆或者饭店等等，对古镇的商业繁荣有益。在更新设计中要考虑更多的问题，但在另一方面也为古镇的改造与创新提供了更多的可能性。

c. 现有公共空间的整体提升

古镇内主要的公共空间多为街巷空间。宏村、屏山古镇的街巷多形成明清时期。街巷尺度及景观保留较为完整，但是部分地面的铺砌破坏严重，街巷中也有部分建筑由于年代久远而有所毁坏。在本次更新策略中将保持和重塑古街巷传统特色作为重点，整治采用的方式是"铺砌、补景、修景、拆除"。

"铺砌"——对道路和街巷内有严重损毁的路面采取重新设计、恢复原有铺砌的措施。

"补景"——对宏村古镇南湖周边的绿化以及屏山吉阳河河边的绿化以及村中院落前后的绿化进行补充和梳理，美化和弱化古镇重要节点的不良景观，突出和引导有用景观资源的价值。

"修景"——对具有保护、保留价值，以及可以继续使用的建筑物，如果破损严重或对历史风貌有负面影响，应对这些建筑物采取修景的整治措施。

"拆除"——对违章建筑和危房以及严重影响古镇整体风貌的建筑应逐步拆除。如宏村的工艺品市场，竖立在南湖旁边，却与整个景区格格不入，且建筑质量较差，完全是临时搭建的危房。对于这种建筑，建议在更新设计中拆除，建成与景区建筑一致的徽派建筑风格且统一店铺的店招店牌。

公共空间的整治多采用传统材料，如铺砖使用当地的麻石、条石等，但在不同的街巷采用不同的铺砌方式，美中有变，丰富多彩。

四、现有建筑更新成效与经验总结

（一）现有成就

从沿街历史建筑的整体整修效果来看，沿街建筑整修对提高村落风貌的整体性作用还是很显著的。同时在对屏山这个古村落的保护更新开发后主要朝着这几个方向进行发展：第一，观光旅游，观光旅游是一种常见的旅游项目，具有大众性，在古村落中开发观光旅游符合当代旅游迅速发展的趋势。且屏山中优美的田园风光、繁复多样的徽派建筑为发展观光旅游提供了很好的条件。第二，修学旅游，屏山这个古村落具有较高的历史文化、艺术、建筑、科考等价值，独特的徽派建筑艺术和深厚的徽派文化内涵对于一些专家学者进行修学旅游具有极强的吸引力。同时也吸引地理、考古、美术、建筑等专业的大学生前来进行野外实习，并为他们提供优惠的条件。

（二）经验总结

古村落的保护与更新过程是一项系统工程，具有整体性、前瞻性、动态性，在保护与更新的过程中，必须以可持续发展为目标，同时也要提高古村落的美誉感，激发当地居民的归属感与凝聚力，获得可持续的活力。在进行保护与更新的过程中还应该注意处理好历史环境保护与居民生活改善的关系，应以历史保护为基础，以更新设计为手段，以彻底改善居民环境、提高居民的物质和精神生活水平为最终目的。

（三）研究总结和建议

村落自古以来就是人类的精神家园和物质家园，它向世人展现出来与自然和谐共处的完美状态，而古村落更是集中体现了先人们建设家园的高超技艺和智慧。但是随着经济的发展，为了追求现代化的生活对古村落进行了改造建设，很大程度上破坏了村落的原有和谐。而黟县的古村落也吸引了大量的游客，小村昔日相对平静的氛围被打破，但是村民的文物保护意识却也在不断增加，他们擦拭着每一寸实木雕刻，防范白蚁的入侵，修补漏雨的屋顶，维护古木梁柱，而政府为了更加科学的发展和保护这里，也对这里的保护与更新进行了规划，明确古村落的保护性质、保护对象，也制出相应的保护措施。随着社会经济的不断发展，在对古村落的保护与更新道路上还是会不断出现各种各样的问题，而这些问题也需要我们通过不断学习和探索去共同解决。

第二节　其他历史文化名镇保护与转型的案例分析

一、国内著名历史文化名镇保护

（一）周庄模式

浙江省境内的周庄古镇依水成街、因河成镇，镇区仍十分完整地保存着明清时期传统的民居建筑群，在 10 万平方米总面积中，明清建筑占比在 60% 以上，古建筑的保护在整个江南水乡中占比第一。这些濒水而居的古建筑古典朴拙，水、桥、街、屋、埠布局精巧，是江南最为典型的"小桥、流水、人家"水乡古镇。1985 年，著名画家吴冠中来周庄写生创作，欣然提笔："黄山集中国山川之美，周庄集中国水乡之美。"1997 年 12 月 16 日，联合国教科文组织"世界文化遗产保护委员会"亚太地区执行主席梁敏之来周庄考察时由衷感叹："周庄不仅在中国江南水乡中保存着两个第一，如此完好保存也是世界第一。"1999 年，世界著名建筑大师贝聿铭从大洋彼岸慕名来到周庄，为周庄题上辉煌的一笔"周庄是国宝"。周庄这一水乡古镇风貌的完整性和典型性的保存，首先得益于科学地制订"规划"。1986 年，在上海同济大学教授、古城镇保护专家阮仪三的主持下，周庄出台了第一份保护与发展的总体规划，明确提出"保护古镇、建设新区、开辟旅游、发展经济"的指导方针，按照这个规划的要求，把古镇区 0.47 平方公里的区域面积作为一个核心区来保护，工厂企业则另辟至急水港以北，建设工业小区。在此基础上，镇政府请同济大学一起对古建筑进行普查,对每幢古建筑的建成年代、式样、用材等都作了详细记录,并建立档案,该修的修,该整的整;然后有计划地搬迁走对水域、大气环境有污染的企业 13 家(至 2001 年撤出古镇区所有的工厂企业),并相应扩大绿化面积,清理镇区河道……层层推进,古镇保护进入了有序有节的"保护"轨道。1996 年的规划提出了"把周庄建设成为依托古镇,发展以旅游经济基础为主的城市化集镇"的总目标,高起点、高标准、高水平的构建小城镇功能,严格保护古镇和延伸镇区,促进旅游业及各行各业的发展,进一步改善生态环境,让农民过上"与城市生活条件无多大区别"的生活。1997 年,镇政府再次邀请同济大学阮仪三教授等有关规划专家来周庄编制《周庄古镇区保护详细规划》(该规划设计在 1998 年被国家建设部评为优秀堪察设计一等奖),目的是把周庄古镇的保护提升到与保护历史文化遗产的国际水平接轨的高度。因此,此次规划的基本点是"充分协调保护与更新改造、开发旅游、改善居民生活之间的关系";中心主题是"保护祖国优秀的历史文化遗产,保护独具特色的反映明、清及民国初年浓郁的江南水乡风情的风貌景观,充分挖掘古镇文化内涵,使之成为国家历史文化名镇,申报联合国世界文化遗产"。确定的保护内容是:各级文物点的保护和污水处理,古镇区各级保护范围划定,古镇风貌保护,古镇空间格局保护,古镇区建筑高度的控制和古镇传统文化的继承与传统经济的发展等。1999 年,专家们对古镇保护细化到停车场、扎口处的设置及大桥的包装等。

如果说对周庄古镇前四次的修编规划还有单纯的为发展旅游业的明显印痕这一倾向的话,后两轮修编的规划则是在此基础上的具有十分进步意义的修编。因为它明确提出保护文化遗产与开发旅游、与改善居民生活的关系,即旅游业的开发要十分注重文化遗产的继承和发展,要十分注重人文生态的进一步意义上的延续,这是一种高层次意义上对古镇的保护意识。

其次是有条不紊地落实保护措施。十几年来，古镇保护在周庄已深入人心，这主要来自于一股自上而下倡导的"保护"之风。市委、市政府在政策、财力上的倾斜，专家学者的鼓励鞭策在很大程度上为周庄古镇的保护起到推波助澜的作用。1998年，根据《周庄古镇区保护详细规划》，镇政府出台了《周庄古镇保护暂行条例》，继续加大保护的宣传力度，确立"三个坚持"的意识——（1）坚持分管规划建设领导的一支笔原则，对立项、建设用地、位置、效果图及每幢古建的维修从严把关；（2）坚持精品意识，对每一幢建筑，包括一个装饰小品、一扇窗、一块瓦的选择定位都要求精益求精；（3）坚持环保意识，追求生态平衡，规划和建设好污水处理、绿化和停车场等。当年，周庄被联合国教科文组织列入"世界文化遗产"预备清单。1999年，周庄又成立了"古镇保护委员会"这一专门机构，具体行使古镇保护职能。2000年4月在中科院院长路甬祥的倡导下成立了"古镇保护基金会"，广泛筹资，争取省内外支持，确保古镇保护工作的正常运转。正因为镇党委和政府把古镇保护作为一件重要而又长期的工作来抓，并且在筹资投入、修桥补路、疏浚河道、恢复景点、修缮名宅、修建寺院、改造危房、动迁居民等工作中拿出了令人信服的实绩，所以古镇保护之风蔚然成行。仅云海度假村这一家来自上海的私营股份制企业，近年来为古镇保护工程捐献款项达到近200万元；为使一堵10米长的古墙保持原有的风貌，一居民户放弃破墙开店赚大钱的想法，主动协助镇政府维修……被列为今年政府实事工程之一的"三线"（供电线、电讯通信线、有线电视线）地埋工程，在资金压力、技术难度等客观条件受严重制约的情况上，用两个多月的时间便顺利完成，工程的胜利竣工为省内外古城镇的全区域空间格局上的保护提供了范例；完成由上海投资方投资的3600多万元的古镇区污水处理工程，首期工程也正在紧锣密鼓的实施之中……周庄古镇保护在发挥其本身可持续发展的作用的同时，兼收国外成熟的历史城镇的保护规划思路、方法，也在为创造一套体现中国特色的、科学的历史城镇保护规划理论与设计提供蓝本（图6-27）。

图6-27　驰名中外的古镇周庄

（二）平遥模式

山西省境内的平遥古城是世界文化遗产。1998年以前，平遥县多数党政机关、企事业单位、学校、医院聚集在古城内，有近5万常住人口，人口密度比上海、北京等大城市高出十几倍，超负荷的人口密度对保护古城形成了很大压力。"十一五"期间，平遥在机关外迁的基础上，又将古城内的所有医院、学校全部进行了外迁。同时，在新城区连续规划并启动实施了柳根花园、绿色都城、柳安小区、永安小区等一大批新型现代化住宅小区建设工程，有效加快了古城人口外迁步伐。五年来，古城内人口由"十一五"初期的4.5万人减少到现在的3.5万人左右，为保护古城、发展旅游创造了宽松的环境。平遥古城被列入世界文化遗产后，平遥政府始终把遗产保护放在突出重要的位置，高度重视，全面实施了一系列遗产保护项目。尤其是"十一五"以来，随着县域经济实力的不断提升和财政收入的持续增加，平遥严格依照《平遥古城保护条例》和《平遥古城保护详细规划》，持续加大遗产保护的投入力度，五年来，累计投资 1.8 亿元，对古城实施了全方位、立体化的保护。坚持"保护为主、抢救第一、全面保护、突出重点"的原则，加大对古街巷、古民居和文物本体及其保护区的保护力度。同时注重对非物质文化遗产的保护，以图保存古城文化灵魂。

近年来，平遥先后开发并提升了平遥大戏堂《晋商古韵》和云锦成演艺中心《一把酸枣》两大节目，填补了古城旅游文化娱乐项目的空白；进一步丰富完善了县太爷升堂、状元祭孔、镖局走镖、县太爷迎宾等娱乐表演项目；平遥牛肉、推光漆器、长山药、手工布鞋、剪纸等数十种极具地方特色产品的质量不断提升、规模不断扩大；特别是从 2006 年开始，推出了"平遥中国年"系列活动，从 2007 年开始，利用摄影大展这一平台，每 2 年举办一次"漆文化艺术节"。

在古城保护的过程中，平遥坚守文化的本土性，古城蕴含的建筑文化、吏制文化、儒教文化、票号文化等诸多文化内涵得到了很好的继承和发掘整理，确保了古城的文化性。同时，为全面传承古城文化，成立了古城文化研究院，专门挖掘古城文化内涵，古城商文化、城文化、建筑文化、宗教文化、民俗文化得到了多元的整理与发掘。通过文化的挖掘，在把历史赋予古城的全面明清文化充分展示给世人的同时，也为古城增添了更大的魅力。

平遥古城的保护严格遵循"新旧分开"的原则，在全面推进古城保护的同时，不断推进新城区建设进程。五年来，相继实施了中都路、顺城路、环城路、外环路、曙光路等 10 余条新城区道路的改造、建设和绿化、亮化，搭建了五纵四横三循环的新城道路框架，城区面积扩展到 20 平方公里，城市绿化覆盖率达到 40%，城市亮化率达到了95%，城区供热普及率达到 65%。

平遥在加强古城保护的同时，始终坚持依法保护、科学开发的基本思路，不断完善旅游六大要素，打造文化品牌，城市建设、产业布局和对外开放与古城保护、管理和利用实现了协调发展。初步形成了以 21 处文物旅游景点、6 条特色产业街区、200 余家旅游特色商铺、2 个大中型文化娱乐项目等为主的旅游产业体系；全县各类宾馆饭店、民俗客栈发展到 150 余家，国内旅行社发展到 21 家，导游队伍达到 600 余人。连续举办摄影大展，五年来，累计有 130 多个国家和地区的 2.2 万人次的国内外摄影家参加了大展，国内外观展人数达 60 多万人次，平遥古城的知名度和影响力得到不断提升。平遥古城又获"中国最值得外国人去的 50 个地方"之一、"中国优秀旅游目的地"、"中华古城文化名牌旅游景区"等荣誉称号。2009 年，接待游客 113 万人，门票收入 8827 万元，成为全省唯一一个实现"双增长"的景区。

在遗产保护过程中，平遥始终把《平遥古城保护条例》作为古城保护的重要依据，始终把修旧如旧、恢复历史风貌作为古城保护的主导思路。"十一五"以来，在市委、市政府的指导下，平遥先后高水准地编制了《平遥古城市政工程专项规划》、《平遥古城环城地带修建性详细规划》、《平遥旅游服务基地修建性详细规划》等一系列遗产保护、旅游发展的规划，并在工作中认真落实，形成了"政府保护为主、全社会共同参与"的文物保护机制的平遥模式。据不完全统计，五年来，社会及个人直接用于古城遗产和文物本体保护的投资约 1.2 亿元，一系列文物景点和铺面及古民居的维修、抢险、改造等工程得到有效实施（图 6-28、图 6-29）。

图 6-28　保存完好的平遥古城和当地民俗活动

二、欧洲古镇保护经验

图6-29　"世界遗产"法国里昂老城5平方公里得以整体保护，图为古城保护的核心区和缓冲地带

中国人曾将现代化理解为了高楼大厦和大马路。随着国门的打开，人们将眼光移向了西方，特别是移向了欧洲，才发现现代化还有更全面、更平衡的路径。在欧洲，上百年的现代化和城市化的进程，完全没有影响到对传统历史建筑和城区的保护。法国早在1887年就制定了第一部文物建筑保护法律。文化的欧洲，并不只是存在于雨果的小说、黑格尔的哲学、莫扎特的音乐之中，它也活在被列入世界遗产名录的塞纳河、吕贝克、萨尔斯堡等地的风景和街道里，活在内部不断现代化而外观亘古不变的民宅、咖啡馆、画廊、博物馆所构成的城市生活里。在许多城市和小镇，核心区的建筑和风貌依然保存了数百年前的模样，城镇的文脉得以继承。不仅在西欧的威尼斯、罗马、里昂……甚至在苏联的列宁格勒、诺夫哥罗德、雅罗斯拉夫尔……东欧的华沙、克拉科夫、布拉格、布达佩斯……同样实行计划经济的国家也完好地保护了古城（图6-30）。

图 6-30　葡萄牙波尔图核心区，完好地保存了几个世纪前古城的风貌，被列
入世界历史文化遗产名单

三、借鉴经验

（一）注重产权：明晰产权，实现城镇再生

古今中外，稳定的财产权加上良好的公共服务，是一个城市得以源远流长的生命"常态"。当"常态"得以自然延续，老城则兴盛；当"常态"被人为打乱，老城则衰败。1958 年以来，中国受苏联模式影响进行住房国有化，先是对部分私房进行"国家经营租赁"，后在"文革"期间对全部私房强行接管；而近二十多年来，老宅的腾退不力，加之公共服务的长期滞后，其结果是昔日令人赞叹不已的中国古城出现了大面积的衰败。

同中国一样，一些东欧古城虽在城市规划中保留下来，但是混乱的产权也造成了街区的衰败。例如斯洛伐克的古镇班斯卡（Banská tiavnica）曾以矿业著称，一度相当繁荣，但自 20 世纪 70 年代起趋于衰落。20 世纪 90 年代起，当地居民展开了"城镇再生"的工作，通过明晰房屋产权，改善基础设施，成功维持了当地居民的居住信心。通过文化遗产的修复，既提升了旅游业，促进了当地经济的复苏，更让这座古镇成为世界文化遗产。

（二）强调个性：展示与众不同的魅力

欧洲各国都有许多保存完好的古镇，它们每一个又是那么的与众不同，这些与众不同，归根结底是文化和民俗赋予它们的个性。这种个性，贯穿在古镇的历史文化和保护规划之中，是古镇的自我认知的核心。欧洲小街里的古董店、画廊、小酒馆、咖啡馆、花店、面包店、甚至卖新鲜蔬果的小店，点点滴滴都透露着本地的情调。凡是被凡高那致命的色彩真正吸引过的人，都应该知道阿尔这个"明亮"的城镇。这是法国南部的一个古镇，历史 2000 多年，凡高就是在这里度过他一生中最辉煌的日子的。他诸多杰作中感觉最具震撼力的《星夜》就是在此创作的，《阿尔的吊桥》、《阿尔的夜间露天咖啡馆》等作品都描绘了当时阿尔的生活。在阿尔，天天都是艺术家的节日，从古至今，这里从未停止吸引来自各地的艺术家。为了突出阿尔的这独一无二的个性，阿尔的街道上专门设计了黄、绿、蓝三种颜色指引前来旅游的游客，其中，黄色就是专门为了纪念这位伟大的天才画家而设的，循着黄色的标志人们便可以找到凡高笔下的咖啡馆和他曾经居住过的"黄房子"。另外，为了让游客易于辨别不同年代的建筑，他们设计绿色来指引中世纪建筑的所在，蓝色来指引罗马时期的建筑。游客通过这种城市意象的引导，便可以将古镇与凡高建立密切的联系，体会到古镇强烈的个性。

（三）以人为本：提升当地居民生活质量

古镇开发，不能以保护为名，剥夺了当地居民提高生活质量的权利。古镇的原住居民是古镇的有机组成部分，只有提高了他们的生活质量，他们才能有热情投入到古镇的保护和开发的过程中。在西班牙小镇，在法国的小镇，尽管眼前的牌子告诉你，这是十七世纪、甚至是十六世纪后期的完整建筑，你的确也看到了它的古色古香，但你到他们家里看一看，就不一样了。西班牙当时有线电缆很少的，但这些小镇的每一家，政府都给他们装了电缆和电视，所以他们那里的生活区是舒适的，也是现代化的，而且是文化含量很高的，所以非常有吸引力。

（四）弘扬民俗：游客来古镇最希望体验的生活方式

民俗风情的传承，不仅需要当地居民对民俗文化的保护和参与，而且需要他们将这种民俗视为民族精神与情感的载体，从心底里虔诚执着地对待它，而非纯粹的商业。在欧洲，许多古镇仍保留着传统节日的庆祝活动，他们会在节日当天游行，身着盛装，排着队涌向街头，还有每周集市、祭祀节日以及称为"Fair"的土特产商品展览会、商品交易会等活动（图6-31）。

图6-31　萨尔斯堡保存完好的古城和当地服饰的盛装游行

（五）保护文化：游客来古镇最希望感受的心灵鸡汤

对非物质的文化，除了挖掘、抢救优秀民间文化艺术，把民间艺术纳入当地教育之中，培育人才传承古老技艺之外，还要对当地历史悠久、有特色的文化元素加以放大。法国的安布瓦兹城堡，是达·芬奇三件艺术作品《蒙娜丽莎》《圣安娜》和《圣母玛利亚》的创作地，为了充分发挥达·芬奇的招牌作用，招徕游客，城堡不仅开放当年达·芬奇散步的草地和小路，展示根据他的发明制作的降落伞、坦克、攻击战车和机关枪等模型，而且推出了"儿童发现之旅"、油画或手工工艺品展览、城堡音乐节等活动，让游客充分体验达·芬奇的城堡生活。

第七章　总结

"两会"召开之后，中国的城市发展面临了一个新的挑战。近年来，在建设过程中，长江流域、黄河流域等地颇具历史、民族、地域和建筑文化价值的传统村落数量正以"平均约 3 天 1 个"的速度在快速消亡。传统村落不仅具有历史文化传承等方面的功能，而且对于推进农业现代化进程、推进生态文明建设等具有重要价值。住房城乡建设部、文化部、财政部启动了传统村落保护发展工作，目前，全国已有 2555 个村落入选中国传统村落名录。今年政府工作报告中提出，要保护和传承历史、地域文化。

新型城镇化是经济社会发展的必然趋势和现代化的必由之路。在当今快速城镇化的宏观社会经济发展背景下，历史文化名镇保护与转型面临更多挑战。历史文化古镇作为传承地方文化与特色的重要基地，在人类历史发展进程中发挥重要的作用。由于建设历史悠久，其保存了大量城市发展的历史文化积淀，但是这些优秀的文化在与现代文明融合时，却总是处于不利地位。如何使古镇保护、转型与其人居环境相协调，是保证历史古镇协调持续发展的关键。

本书是作者在河南省教育厅人文社科项目，新型城镇化背景下有河南地域文化特色的历史古镇保护及更新设计项目（2013-GH-118）以及宋亚亭老师项目产业依托型历史文化名镇保护与发展研究（2015-GH-116）支撑下完成。本项目结合专业理论联系实际，以代表北方古镇面貌的河南朱仙镇、神垕镇及石板岩乡等和南方特色的安徽宏村、屏山为例对比研究，为建设"美丽河南"中的特色村镇保护提供可行性建议与意见。

本书采用理论研究和案例分析相结合的方法，通过河南省和相关省份的典型案例，分析历史文化古镇实态调查和保护设计规划研究，在快速城镇化过程中发现古镇存在整体风貌破坏、基础设施不健全、非物质文化遗产传承困难、传统空间肌理丧失、保护建设性破坏较大等现实问题；在河南地域文化视角下，从历史古镇的空间格局、历史文化特色、人居环境、物质与非物质文化遗产、环境要素等方面分析，选择有代表性的历史古镇，从保护与更新主题、建筑特色、民居、整体风貌以及规划设计等方面提出保护与转型方法，综合各学科的优势，提升古镇保护研究的理论高度和现实意义，促成新的古镇保护研究生长点。

　　中共第十七届六中全会确立了我国文化大发展策略和文化立国的长远方略。以历史城镇为代表的文化遗产是文化事业推进和文化产业发展的重要物质基础，为数不多的历史古镇必须在当代工业化和城镇化的浪潮中实现生态文明的快速转型。以朱仙镇、神垕镇以及石板岩乡这些保存完好的历史建筑等具有地域文化特色的乡镇出发，同时对比安徽的宏村等古村落，对古镇的历史风貌空间保护及发展转型进行探讨，以期为具有地域文化特色的古镇保护和未来持续发展提供有益的借鉴。

参考文献

[1] 卞显红. 江南水乡古镇保护与旅游开发 [M]. 北京：中国物资出版社，2011.

[2] 邹统钎. 古城、古镇与古村旅游开发经典案例 [M]. 北京：旅游教育出版社，2005.

[3] 戴彦. 巴蜀古镇历史文化遗产适应性保护研究 [M]. 南京：东南大学出版社，2010.

[4] 江苏古镇保护与旅游发展研究课题组. 江苏古镇保护与旅游发展研究 [M]. 南京：东南大学出版社，2014.

[5] 河南省豫建设计院组，禹州市神垕镇历史文化名镇保护规划，2011 年.

[6] 河南省豫建设计院组，禹州市神垕镇历史文化名镇保护规划，2011 年.

[7] 河南省豫建设计院项目组，朱仙镇历史文化名镇保护规划（2011-2025），2011 年.

[8] 吴怀静. 基于生态文明视角的古镇保护与发展转型研究——以河南省朱仙镇为例，城市建设理论研究，2013.28.

[9] 曹昌智. 中国历史文化名城名镇名村保护状况及对策 [J]. 中国名城，2011，（3）：20-23.

[10] 张汉生. 更新中的传承——谈武夷山五夫镇更新保护 [J]. 中华建设，2012，08：170-171.

[11] 方可. 当代北京旧城更新 [M]. 北京：中国建筑工业出版社，2000.

[12] 孙伟，胡晓添．基于生态文明理念的古镇整体城市设计实践 [J]．小城镇建设，2012，(6)：53.

[13] 蒋灵德．关于甪直镇总体规划的思考 [J]．规划师，2011，27（12）：24-28.

[14] 唐春媛，林从华．闽北和平古镇长效保护与更新机制探析 [J]．福建工程学院学报，2007，(12)：615-620.

[15] 毛长义，张述林，田万顷．基于区域共生的古镇（村）旅游驱动模式探讨——以重庆16个国家级历史文化名镇为例 [J]．重庆师范大学学报（自然科学版），2012，29(5)：72.

[16] 王玏．北京河道遗产廊道构建研究 [Ph.D]．北京：北京林业大学，2012.

[17] 阮仪三，袁菲陶，文静．论江南水乡古镇历史价值和保护意义 [J]．中国名城，2012，(6)：5-8.

[18] 胡小红．基于"有机更新"理论的平遥古城保护研究，旅游管理研究 [J]．2012，(11)，：19-20.

[19] 李松涛．河南历史文化名镇神垕镇的保护与发展模式研究 [D]．郑州大学硕士论文，2005，(5).